Digital Signal Processing

ディジタル
信号処理

大類重範［著］

Ohmsha

まえがき

　今日,ディジタル信号処理は音響・音声処理,画像・映像処理,通信システム,計測・制御システム,医療電子,メカトロニクス,天然資源の探査など広範囲にわたる各分野のシステムを実現するうえで,共通の基礎技術として確立してきた.

　従来,抵抗,コイル,コンデンサの受動素子とトランジスタやOP(オペ)アンプICなどの能動素子で構成された電子回路により,アナログ信号をそのまま処理するアナログ信号処理システムが主として用いられてきた.ところが近年の飛躍的な集積回路(IC)技術の進歩と驚異的なコンピュータ処理能力の向上により,アナログ信号を2進符号のディジタル信号に変換してコンピュータやディジタル処理システムに取り込み,代数的演算(積和演算)によって目的の処理を行うディジタル信号処理システムが盛んに利用されるようになってきた.

　一方理論的な側面として,1965年,CoolyとTukeyによって発見された高速フーリエ変換(Fast Fourier Transform：FFT)のアルゴリズムは,ディジタル信号処理の分野に大きなインパクトを与えた.その後,1970年代にはディジタル信号処理の適用分野で最も基本的かつ重要なディジタルフィルタの設計理論がほぼ確立され,さらに集積回路技術の発展と相俟って1980年代には積和演算を超高速に実行するディジタル信号処理専用のプロセッサ,すなわちDSP (Digital Signal Processor)が出現するに至り,今日では様々の分野で中心的な役割を果たしている.

　ディジタル信号処理といっても,目的と適用範囲によって千差万別であろうが,信号処理の基礎技術にはかなり共通する部分がある.本書は,はじめてディジタル信号処理の基礎知識を学ぼうとしている電気系の工業高専,電気・電子・情報系の大学生,あるいは企業の初級技術者たちを対象にした入門書である.信号処理の理論的背景を説明するのに数式はどうしても欠かせないが,できるだけ必要最小限にとどめ,適切でしかも重要

と思われる例題をできるだけ多く取り上げ，理解の助けとなるように考慮した．章末の演習問題も一つ一つ解いて十分理解されることをおすすめする．

　本書では，連続時間 (アナログ系) と離散時間 (ディジタル系) の信号とシステムの取扱いを比較対照させながら，ディジタル信号処理の基礎理論としてきわめて重要な標本化定理と離散フーリエ変換 (Discrete Fourier Transform : DFT), DFT を高速に処理する高速フーリエ変換のアルゴリズムおよびディジタルフィルタの設計理論を重点的に記述した．

　本書を発刊するにあたり，すぐれた数多くの著書と文献を参考にさせていただいた．巻末に参考文献として記載し，著者の方々に厚くお礼を申し上げる．

　ディジタル信号処理をはじめて学ぶ初心者にも十分理解できる参考書あるいは教科書と考えて，浅学も顧みず筆をとったが，著者の気付かないところや不備な点が多々あると思われるが，これらについてはご叱咤，ご指導いただいて完璧を期したいと思っている．

　最後に，本書を執筆する機会を与えて下さった日本理工出版会の方々に心から感謝いたします．

　2001 年 10 月

著　者

目　　次

第1章　ディジタル信号処理の概要

1.1　信号の分類と形態

　自然界には時間的に連続した変化をするさまざまの現象がある. 例えば, 1 日の気温や湿度, 明るさなどを適切なセンサで電気信号に変換して記録すれば連続的な変化を示す. このような信号を**連続時間信号** (continuous time signal) という.

　これに対して, 1 日の気温を 1 時間ごとの間隔で記録すれば時間的に不連続な信号が得られ, これを**離散時間信号** (discrete time signal) という.

　時刻を表す変数 t を用いてある信号を関数 $x(t)$ と表せば, $x(t)$ は任意の時刻における信号の振幅値を表している. このとき, 時刻と振幅値が連続的か不連続(離散)的かによって**表 1.1** に示すように 4 種類の信号に分類することができる.

表 1.1　信号の分類

時刻　＼　振幅値	連続振幅	離散振幅
連続時間	連続時間信号	
	アナログ信号	多値信号
離散時間	離散時間信号	
	サンプル値信号	ディジタル信号

　時刻が連続的か離散的かによって連続時間信号と離散時間信号に分類され, さらに連続時間信号はその振幅が連続した値をとる**アナログ信号** (analog signal) と離散的な値をとる**多値信号** (multi-level signal) に分類できる. 一方, 離散時間信号は連続的な振幅値をとる**サンプル値信号** (sampled signal) と離散的な振幅値しかとらない**ディジタル信号** (digital signal) に分類することができる. **図 1.1** に 4 種類の信号形態を示す.

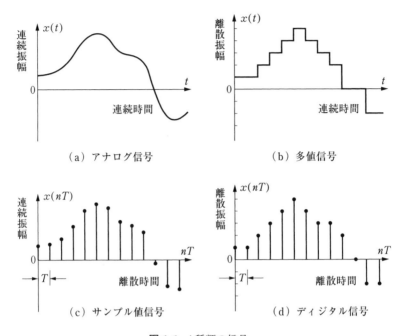

図 1.1　4 種類の信号

　これら 4 つの信号のうち, 多値信号やディジタル信号はあらかじめ決められた離散値しか取り得ないから, 厳密な解析は煩雑となるばかりか, 一般に困難である.

　このため, 多値信号やディジタル信号における振幅値の離散化レベルは十分細かく取ってあるという前提で, それぞれを近似的にアナログ信号とサンプル値信号として扱うことにする. すなわち, 本書の解析はすべてアナログ信号とサンプル値信号の場合に限定され, 離散時間信号はすべてサンプル値信号を意味するものとする.

1.2　ディジタル信号処理とは

　信号処理 (signal processing) とは, ある信号に対して必要な加工・処理を行って目的とする情報や特徴を抽出することである.

　アナログ信号を直接処理して別のアナログ信号に変換する**図 1.2**(a) のシステムを**アナログ信号処理システム** (analog signal processing system) という. 従来は, 抵抗, コイル, コンデンサの受動素子とトランジスタ, OP(オペ) アンプなど

の能動素子で構成された電子回路により,アナログ信号をそのまま処理するアナログ信号処理システムが主に用いられてきた.ところが近年の飛躍的な集積回路 (IC) 技術の進歩と驚異的なコンピュータ処理能力の向上により,アナログ信号を 2 進符号のディジタル信号に変換してコンピュータやディジタル処理システムに取り込み,代数的演算 (加減算,乗除算) で処理する**ディジタル信号処理システム** (digital signal processing system) が盛んに用いられるようになってきた.さらに,積和演算を超高速に処理するディジタル信号処理専用のプロセッサ,すなわち**DSP**(Digital Signal Processor) も開発され,今日では様々な応用分野で活躍している.

（a）アナログ信号処理システム

（b）ディジタル信号処理システム

図 1.2 信号処理システム

図 (b) で示すようにアナログ信号をディジタルシステムで処理するには,まずアナログ信号を 2 進符号のディジタル信号に変換しなければならない.このための回路が **A/D 変換器** (AD converter) で,今日すぐれた専用 IC が多数市販されている.この A/D 変換器は次の 3 つの過程を通して行われる.

(1) **標本化**

 連続的なアナログ信号を離散的なサンプル値信号に変換する操作を **標本化** (sampling) または**サンプリング**という.アナログ信号 $x(t)$ は一定の間隔 T ごとに標本化されてサンプル値信号 $x(n) = x(nT)$ が得られる.ここで n は整数で,一定間隔 T を**サンプリング周期** (sampling period),その逆数 $f_s(= 1/T)$ を**サンプリング周波数** (sampling frequency) という.

(2) **量子化**

 連続した値を取り得るサンプル値信号 $x(n)$ をあらかじめ決められたレベルに対応させる操作を**量子化** (quantization) といい,決められた量子化レベル間のサンプル値は四捨五入される.このため,**図 1.3** に示すようにサンプル値 (● 印) と量子化されたレベル (○ 印) の間に誤差が生じるが,この誤差を**量子化誤差** (雑音) という.

(3)　符号化

　量子化された振幅値を2進数のディジタルコードに変換することを**符号化** (coding) といい，図1.3は3ビット2進数の符号化を示している．

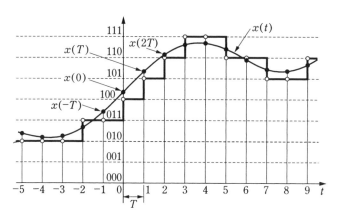

図1.3　サンプル値信号の量子化と符号化

　このように，アナログ信号の標本化，量子化および2進数への符号化という一連の動作がA/D変換器によって行われ，その後2進数のコードはコンピュータやディジタル処理システムに取り込まれて目的の信号処理が行われる．

　A/D変換とは逆に，処理された2進符号のディジタル信号をアナログ信号に戻す操作が**D/A変換器** (DA converter) で行われ，同様にすぐれた専用ICが多数市販されている．

　標本化を行うことによって元のアナログ信号の情報が失われてしまうように思われるが，アナログ信号がサンプリング周波数の1/2以下の周波数成分しか含んでいなければ，そのサンプル値 $x(n)$ から元の信号 $x(t)$ を復元することが可能である．このことを理論的に規定したのが**標本化定理** (sampling theorem) あるいは**サンプリング定理**で，ディジタル信号処理の分野で基本的かつ根幹をなす大変重要な定理となっている．

　ところが，この定理に反してアナログ信号がサンプリング周波数の1/2以上の周波数成分を含んでいると，元の信号には存在しなかった雑音 (**エイリアス雑音**) が発生してしまう．このため，図1.2に示すようにA/D変換器の前にサンプリング周波数の1/2以上の周波数成分を取り除く**アンチエイリアスフィルタ** (anti-alias filter) と呼ばれる低域フィルタを設けて，この雑音が発生するのを避けている．

　また，D/A変換器から出力されたアナログ信号は多値信号のように細かな階段状になっていて，不要な高調波成分を多く含んだ信号となっている．このため，

階段状の波形をなめらかにするため，D/A 変換器の出力側にアナログの低域フィルタを設けている．

1.3　2進数ディジタルコード

　A/D 変換器や D/A 変換器で扱うアナログ信号の電圧が単極性 (ユニポーラ) の範囲の場合には**ストレートバイナリ** (straight binary)，正負両極性 (バイポーラ) の範囲の場合は **2 の補数** (two's complement) または**オフセットバイナリ** (offset binary) がよく用いられる．

　これらディジタルコードは A/D 変換器と D/A 変換器の両方に共通するものであり，多くの専用 IC は目的に応じて切り替え可能となっている．**表 1.2** はアナログ信号のフルスケール (FS) 値が 10 V のときの 4 ビットストレートバイナリコードと対応する数値を示している．バイナリコードの最上位の桁を **MSB**(Most Significant Bit)，最下位の桁を **LSB**(Least Significant Bit) といい，1 ステップは 1 LSB で FS 値の 1/16 ，すなわち 0.625 V となる．ここで，4 ビットがすべて "1" のときアナログの FS 値は 10 V とはならず，10 V−1 LSB(9.375 V) となることに注意しよう．

表 1.2　ストレートバイナリコード

10 進	ストレート	FS= 10 V	
15	1111	9.375 V	FS−1 LSB
14	1110	8.750 V	
13	1101	8.125 V	
12	1100	7.500 V	3/4 FS
11	1011	6.875 V	
10	1010	6.250 V	
9	1001	5.625 V	
8	1000	5.000 V	1/2 FS
7	0111	4.375 V	
6	0110	3.750 V	
5	0101	3.125 V	
4	0100	2.500 V	1/4 FS
3	0011	1.875 V	
2	0010	1.250 V	
1	0001	0.625 V	1 LSB
0	0000	0.000 V	

　FS 値に対する 1 ステップの値 1/16 をさらに細かくしたければ，ビット数を増やせばよい．すなわち，8 ビットで 1/256 の 0.039 V，10 ビットで 1/1024 の

9.766 mV, 12 ビットで 1/4096 の 2.44 mV となる. そして, このステップのこと
を**分解能** (resolution) といい, A/D 変換器では識別可能な最小入力アナログ値
を, D/A 変換器では出力可能な最小アナログ値を表している. つまり, n をビッ
ト数として FS 値を 2^n で割った値が分解能で, 1 LSB に相当するアナログ値と
なる.

　2 の補数コードは**表 1.3** からも明らかのように正数はストレートバイナリと
同様で, 負数は 2 の補数で符号化していて, MSB は符号ビットとして "0" で正
数, "1" で負数を表している. オフセットバイナリは MSB のみが "1" のとき
アナログ値のゼロに対応させ, ストレートバイナリコードの下半分が負数となる
ように単純にシフトさせたものである. これらのコードは MSB のビット反転で
交換できることに注意しよう.

表 1.3　2 の補数とオフセットバイナリコード

10 進	2 の補数	オフセット	FS= ±5 V	
+7	0111	1111	+ 4.375 V	+ FS −1 LSB
+6	0110	1110	+ 3.750 V	
+5	0101	1101	+ 3.125 V	
+4	0100	1100	+ 2.500 V	+1/2 FS
+3	0011	1011	+ 1.875 V	
+2	0010	1010	+ 1.250 V	
+1	0001	1001	+ 0.625 V	+1 LSB
0	0000	1000	0.000 V	
−1	1111	0111	− 0.625 V	−1 LSB
−2	1110	0110	− 1.250 V	
−3	1101	0101	− 1.875 V	
−4	1100	0100	− 2.500 V	−1/2 FS
−5	1011	0011	− 3.125 V	
−6	1010	0010	− 3.750 V	
−7	1001	0001	− 4.375 V	−FS+1 LSB
−8	1000	0000	− 5.000 V	−FS

第2章　連続時間信号とフーリエ変換

2.1　周期信号とフーリエ級数

周期信号 (periodic signal) とは，すべての時刻 t に対して次式の関係が成立する信号として定義される．

$$x(t) = x(t + T_0) \tag{2.1}$$

上式を満足する最小の T_0 を**周期** (period) と呼び，式 (2.1) は n を整数として，

$$x(t) = x(t + nT_0), \quad n = 0, \pm 1, \pm 2, \cdots\cdots \tag{2.2}$$

と表すことができる．周期信号の一例を**図 2.1** に示す．

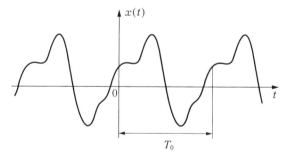

図 2.1　周期信号の一例

信号 $x(t)$ が周期 T_0 の周期関数であれば，$x(t)$ は次式のように表すことができる．

$$\begin{aligned}
x(t) &= \frac{1}{2}a_0 + a_1 \cos \omega_0 t + a_2 \cos 2\omega_0 t + \cdots\cdots \\
&\quad + b_1 \sin \omega_0 t + b_2 \sin 2\omega_0 t + \cdots\cdots \\
&= \frac{1}{2}a_0 + \sum_{n=1}^{\infty}(a_n \cos n\omega_0 t + b_n \sin n\omega_0 t)
\end{aligned} \tag{2.3}$$

　上式を**三角関数のフーリエ級数** (trigonometric Fourier series) という. 角周波数 $\omega_n = n\omega_0$ の正弦波成分は信号 $x(t)$ の **n 次高調波** (n-th harmonic) といい, 第 1 次高調波は信号 $x(t)$ と同一周期をもつことから**基本周波数成分** (fundamental component) と呼ばれ, $\omega_0 = 2\pi f_0 = 2\pi/T_0$ を**基本角周波数** (fundamental angular frequency), f_0 を**基本周波数** (fundamental frequency) という. また, a_n, b_n を**フーリエ係数** (Fourier coefficient) といい, 特に $a_0/2$ は信号 $x(t)$ の平均値, すなわち**直流成分** (dc component) を表している.

　三角関数の直交性より, 式 (2.3) のフーリエ係数 a_n と b_n は,

$$a_n = \frac{2}{T_0} \int_{-T_0/2}^{T_0/2} x(t) \cos n\omega_0 t \, dt, \quad n = 0, 1, 2, \cdots\cdots \tag{2.4}$$

$$b_n = \frac{2}{T_0} \int_{-T_0/2}^{T_0/2} x(t) \sin n\omega_0 t \, dt, \quad n = 1, 2, \cdots\cdots \tag{2.5}$$

から求めることができる. ここで, 積分区間は完全な 1 周期であればどのように選んでもよい (問題 2.1 参照).

　周期波形の対称性を考慮すると, フーリエ係数の計算が簡単になる. 周期波形 $x(t)$ が,

$$x(-t) = x(t) \tag{2.6}$$

の関係を満たすとき, **偶関数** (even function) といい,

$$x(-t) = -x(t) \tag{2.7}$$

であれば**奇関数** (odd function) という.

　(1)　$x(t)$ が周期 T_0 の偶周期信号のとき, フーリエ係数は次式で求められる.

$$\left.\begin{array}{l} x(t) = \dfrac{a_0}{2} + \displaystyle\sum_{n=1}^{\infty} a_n \cos n\omega_0 t \\[3mm] a_n = \dfrac{4}{T_0} \displaystyle\int_0^{T_0/2} x(t) \cos n\omega_0 t \, dt \\[3mm] b_n = 0 \end{array}\right\} \tag{2.8}$$

　(2)　$x(t)$ が周期 T_0 の奇周期信号のとき, フーリエ係数は次式で求められる.

$$\left.\begin{array}{l} x(t) = \displaystyle\sum_{n=1}^{\infty} b_n \sin n\omega_0 t \\[3mm] b_n = \dfrac{4}{T_0} \displaystyle\int_0^{T_0/2} x(t) \sin n\omega_0 t \, dt \\[3mm] a_n = 0 \end{array}\right\} \tag{2.9}$$

【例題 2.1】 図 2.2 に示す各周期波形のフーリエ級数を求めよ.

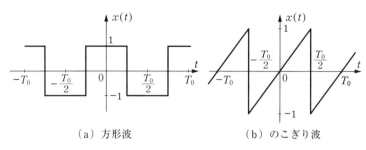

(a) 方形波　　　　　　　（b）のこぎり波

図 2.2 代表的な周期波形

【解答】 (a) $x(t)$ は偶関数であるから, $b_n = 0$, また $a_0 = 0$

$$a_n = \frac{4}{T_0} \int_0^{T_0/2} x(t) \cos n\omega_0 t\, dt = \frac{4}{T_0} \left\{ \int_0^{T_0/4} \cos n\omega_0 t\, dt - \int_{T_0/4}^{T_0/2} \cos n\omega_0 t\, dt \right\}$$

$$= \frac{4}{T_0} \left\{ \frac{1}{n\omega_0} \left[\sin n\omega_0 t \right]_0^{T_0/4} - \frac{1}{n\omega_0} \left[\sin n\omega_0 t \right]_{T_0/4}^{T_0/2} \right\}$$

$$= \frac{4}{T_0} \cdot \frac{1}{n\omega_0} \left(2 \sin \frac{n\pi}{2} \right) = \frac{4}{n\pi} \sin \frac{n\pi}{2} = \frac{4}{\pi} \cdot \frac{(-1)^{n-1}}{2n-1}$$

$$\therefore\ x(t) = \frac{4}{\pi} \sum_{n=1}^{\infty} \frac{(-1)^{n-1}}{2n-1} \cos(2n-1)\omega_0 t$$

$$= \frac{4}{\pi} \left(\cos \omega_0 t - \frac{1}{3} \cos 3\omega_0 t + \frac{1}{5} \cos 5\omega_0 t - \cdots\cdots \right)$$

(b) $x(t)$ は奇関数であるから, $a_n = 0$

$$b_n = \frac{4}{T_0} \int_0^{T_0/2} x(t) \sin n\omega_0 t\, dt = \frac{4}{T_0} \int_0^{T_0/2} \frac{2}{T_0} t \sin n\omega_0 t\, dt$$

$$= \frac{8}{T_0^{\,2}} \left\{ \frac{-1}{n\omega_0} \left[t \cdot \cos n\omega_0 t \right]_0^{T_0/2} + \frac{1}{n\omega_0} \int_0^{T_0/2} \cos n\omega_0 t\, dt \right\}$$

$$= \frac{8}{T_0^{\,2}} \left\{ \frac{-1}{n\omega_0} \cdot \frac{T_0}{2} \cos n\pi + \frac{1}{(n\omega_0)^2} \left[\sin n\omega_0 t \right]_0^{T_0/2} \right\}$$

$$= \frac{2}{n\pi} (-\cos n\pi) = \frac{2}{n\pi} (-1)^{n+1}$$

$$\therefore \quad x(t) = \frac{2}{\pi} \sum_{n=1}^{\infty} \frac{(-1)^{n+1}}{n} \sin n\omega_0 t$$

$$= \frac{2}{\pi} \left(\sin \omega_0 t - \frac{1}{2} \sin 2\omega_0 t + \frac{1}{3} \sin 3\omega_0 t - \cdots \cdots \right) \quad \blacktriangleleft$$

例題 2.1 の結果と**図 2.3** を参照すれば, フーリエ級数の意味が理解できよう. 図 (a) は余弦波の基本波と第 3, 第 5 高調波までの合成波形, 図 (b) は正弦波の基本波と第 2, 第 3 高調波までの合成波形をそれぞれ示していて, 高調波の項数を増していけば元の周期波形に近づくことがわかる. すなわち, どんな周期波形も正弦波と余弦波を合成すれば得られることが理解できる.

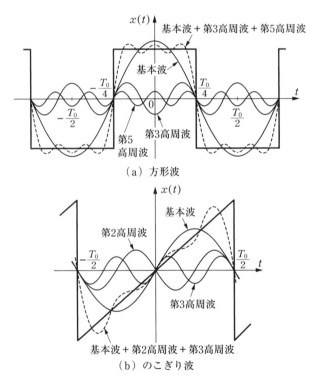

（a）方形波

（b）のこぎり波

図 2.3 第 3 および第 5 高調波までの合成波形

2.2　複素フーリエ級数

フーリエ級数を複素数の領域まで拡張すると理論式もすっきりして, 種々の応用において便利である. オイラーの公式より, 余弦関数と正弦関数は次式で表さ

れる.

$$\cos(n\omega_0 t) = \frac{1}{2}\left(e^{jn\omega_0 t} + e^{-jn\omega_0 t}\right) \tag{2.10}$$

$$\sin(n\omega_0 t) = \frac{1}{2j}\left(e^{jn\omega_0 t} - e^{-jn\omega_0 t}\right) \tag{2.11}$$

これらの関係を式 (2.3) に代入して整理すれば

$$x(t) = \frac{a_0}{2} + \sum_{n=1}^{\infty}\left\{\left(\frac{a_n - jb_n}{2}\right)e^{jn\omega_0 t} + \left(\frac{a_n + jb_n}{2}\right)e^{-jn\omega_0 t}\right\} \tag{2.12}$$

となる. ここで

$$c_0 = \frac{1}{2}a_0, \quad c_n = \frac{a_n - jb_n}{2}, \quad c_{-n} = \frac{a_n + jb_n}{2} \tag{2.13}$$

の関係式を定義すれば, 次式を得る.

$$x(t) = \sum_{n=-\infty}^{\infty} c_n e^{jn\omega_0 t} \tag{2.14}$$

上式は $x(t)$ の**複素フーリエ級数** (complex Fourier series) または単に**フーリエ級数**という. ここで, c_n は**複素フーリエ係数** (complex Fourier coefficients) といい, 次式によって求めることができる (問題 2.3 参照).

$$c_n = \frac{1}{T_0}\int_{-T_0/2}^{T_0/2} x(t)e^{-jn\omega_0 t}\,dt \tag{2.15}$$

係数 c_n は一般に複素数であるから, 複素共役を意味する記号 * を用いて,

$$c_n = |c_n|e^{j\phi_n}, \quad c_{-n} = c_n^* = |c_n|e^{-j\phi_n} \tag{2.16}$$

と表せば, $n = 0$ 以外のすべての n について次式が成立する.

$$|c_n| = \frac{1}{2}\sqrt{a_n^2 + b_n^2} \tag{2.17}$$

$$\phi_n = \tan^{-1}\left(-\frac{b_n}{a_n}\right) = \angle c_n \tag{2.18}$$

ただし c_n は実数で, $c_0 = (1/2)a_0$ である.

フーリエ級数 c_n の大きさに対する周波数の特性は周期信号 $x(t)$ の**スペクトル** (spectrum) と呼ばれていて, 特に $|c_n|$ は**振幅スペクトル** (amplitude spectrum),

$\angle c_n$ を**位相スペクトル** (phase spectrum) という. 指数 n は単なる整数であるから, 振幅および位相スペクトルは不連続変数 $n\omega_0$ においてのみ現れる. このため, これらを**線スペクトル** (line spectra) と呼ぶことがある.

$x(t)$ が実周期信号であれば, $c_n^* = c_{-n}$ となるので,

$$|c_n| = |c_{-n}|, \quad \angle c_n = -\angle c_{-n} \tag{2.19}$$

が成立する. すなわち, 振幅スペクトルは偶関数, 位相スペクトルは奇関数となる.

【例題 2.2】　図 2.2 に示した各周期波形の複素フーリエ級数を求めよ. また, その結果から三角関数のフーリエ級数を求め, 例題 2.1 の解答と一致することを確かめよ.

【解答】　(a)

$$c_n = \frac{1}{T_0} \int_{-T_0/2}^{T_0/2} x(t) e^{-jn\omega_0 t}\, dt$$

$$= \frac{1}{T_0} \left\{ \int_{-T_0/2}^{-T_0/4} -e^{-jn\omega_0 t}\, dt + \int_{-T_0/4}^{T_0/4} e^{-jn\omega_0 t}\, dt + \int_{T_0/4}^{T_0/2} -e^{-jn\omega_0 t}\, dt \right\}$$

$$= \frac{1}{T_0} \left\{ \frac{1}{jn\omega_0} \left[e^{-jn\omega_0 t}\right]_{-T_0/2}^{-T_0/4} - \frac{1}{jn\omega_0} \left[e^{-jn\omega_0 t}\right]_{-T_0/4}^{T_0/4} + \frac{1}{jn\omega_0} \left[e^{-jn\omega_0 t}\right]_{T_0/4}^{T_0/2} \right\}$$

$$= \frac{1}{jn\omega_0 T_0} \left(2e^{jn\pi/2} - 2e^{-jn\pi/2} - e^{jn\pi} + e^{-jn\pi} \right)$$

$$= \frac{1}{n\pi} \left(2\sin\frac{n\pi}{2} - \sin n\pi \right) = \begin{cases} 0, & n : \text{偶数} \\ \dfrac{2}{n\pi}\sin\dfrac{n\pi}{2}, & n : \text{奇数} \end{cases}$$

$$\therefore \quad x(t) = \sum_{n=-\infty}^{\infty} \frac{2}{n\pi} \sin\frac{n\pi}{2} e^{jn\omega_0 t}$$

$$x(t) = \cdots\cdots + \frac{2}{5\pi} e^{-j5\omega_0 t} - \frac{2}{3\pi} e^{-j3\omega_0 t} + \frac{2}{\pi} e^{-j\omega_0 t} + \frac{2}{\pi} e^{j\omega_0 t}$$

$$\qquad - \frac{2}{3\pi} e^{j3\omega_0 t} + \frac{2}{5\pi} e^{j5\omega_0 t} - \cdots\cdots$$

$$= \frac{4}{\pi} \left\{ \cos\omega_0 t - \frac{1}{3}\cos 3\omega_0 t + \frac{1}{5}\cos 5\omega_0 t - \cdots\cdots \right\}$$

(b)

$$c_n = \frac{1}{T_0} \int_{-T_0/2}^{T_0/2} x(t) e^{-jn\omega_0 t}\, dt = \frac{1}{T_0} \int_{-T_0/2}^{T_0/2} \frac{2}{T_0} t \cdot e^{-jn\omega_0 t}\, dt$$

$$= \frac{2}{T_0{}^2} \left\{ \left[t \cdot \frac{e^{-jn\omega_0 t}}{-jn\omega_0} \right]_{-T_0/2}^{T_0/2} + \frac{1}{jn\omega_0} \int_{-T_0/2}^{T_0/2} e^{-jn\omega_0 t}\, dt \right\}$$

$$= \frac{2}{T_0{}^2} \cdot \frac{1}{(-jn\omega_0)} \left(\frac{T_0}{2} e^{-jn\pi} + \frac{T_0}{2} e^{jn\pi} \right) = \frac{1}{jn\pi} (-1)^{n+1}$$

$$\therefore\;\; x(t) = \sum_{n=-\infty}^{\infty} \left(\frac{1}{jn\pi} \right) (-1)^{n+1} e^{jn\omega_0 t} = \frac{1}{j\pi} \sum_{n=-\infty}^{\infty} \frac{(-1)^{n+1}}{n} e^{jn\omega_0 t},\;\; n \neq 0$$

$$x(t) = \frac{1}{j\pi} \left\{ \cdots\cdots + \frac{1}{(-3)} e^{-j3\omega_0 t} + \frac{-1}{(-2)} e^{-j2\omega_0 t} + \frac{1}{(-1)} e^{-j\omega_0 t} + \frac{1}{1} e^{j\omega_0 t} \right.$$

$$\left. + \frac{-1}{2} e^{j2\omega_0 t} + \frac{1}{3} e^{j3\omega_0 t} + \cdots\cdots \right\}$$

$$= \frac{2}{\pi} \left\{ \sin\omega_0 t - \frac{1}{2} \sin 2\omega_0 t + \frac{1}{3} \sin 3\omega_0 t - \cdots\cdots \right\} \qquad \blacktriangleleft$$

　式 (2.14) の複素フーリエ級数から，周期波形 $x(t)$ の第 n 次高調波成分は $c_{-n} e^{-jn\omega_0}$ と $c_n e^{jn\omega_0}$ の 2 つがあり，前者は角周波数が $-n\omega_0$ ，後者は角周波数が $n\omega_0$ の成分と考えることができる．ところが，負の周波数というのは物理的に存在し得ないが，負の周波数を導入することで理論展開式がすっきりするという利点がある．一方，三角関数のフーリエ級数は正の周波数成分のみで表現されていることは明らかで，この両者の関連性を例題 2.2 から十分理解してほしい．

【例題 2.3】　図 2.4 に示す周期的な矩形パルス列 $x(t)$ の (1) 三角関数のフーリエ級数および (2) 複素フーリエ級数を求めよ．

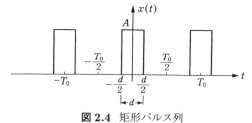

図 2.4　矩形パルス列

【解答】 (1) 三角関数のフーリエ級数

$x(t)$ は偶関数であるから，$b_n = 0$

$$\frac{a_0}{2} = \frac{1}{T_0} \int_{-T_0/2}^{T_0/2} x(t)\, dt = \frac{1}{T_0} \int_{-d/2}^{d/2} A\, dt = \frac{Ad}{T_0}$$

$$a_n = \frac{2}{T_0} \int_{-T_0/2}^{T_0/2} x(t) \cos n\omega_0 t\, dt = \frac{4}{T_0} \int_0^{d/2} A \cos n\omega_0 t\, dt$$

$$= \frac{4A}{T_0} \left[\frac{\sin n\omega_0 t}{n\omega_0} \right]_0^{d/2} = \frac{4A}{T_0} \cdot \frac{1}{n\omega_0} \sin\left(n\omega_0 \frac{d}{2} \right)$$

$$= \frac{2Ad}{T_0} \cdot \frac{\sin(n\omega_0 d/2)}{n\omega_0 d/2} = \frac{2Ad}{T_0} \cdot \frac{\sin(n\pi d/T_0)}{n\pi d/T_0}$$

$$\therefore x(t) = \frac{Ad}{T_0} + 2\frac{Ad}{T_0} \sum_{n=1}^{\infty} \frac{\sin(n\pi d/T_0)}{n\pi d/T_0} \cos n\omega_0 t \tag{2.20}$$

(2) 複素フーリエ級数

$$c_n = \frac{1}{T_0} \int_{-T_0/2}^{T_0/2} x(t) e^{-jn\omega_0 t}\, dt = \frac{A}{T_0} \int_{-d/2}^{d/2} e^{-jn\omega_0 t}\, dt$$

$$= \frac{A}{T_0} \cdot \frac{1}{-jn\omega_0} \left[e^{-jn\omega_0 t} \right]_{-d/2}^{d/2} = \frac{A}{T_0} \cdot \frac{1}{jn\omega_0} \left(e^{jn\omega_0 d/2} - e^{-jn\omega_0 d/2} \right)$$

$$= \frac{Ad}{T_0} \cdot \frac{\sin(n\omega_0 d/2)}{n\omega_0 d/2} = \frac{Ad}{T_0} \cdot \frac{\sin(n\pi d/T_0)}{n\pi d/T_0}$$

$$\therefore x(t) = \frac{Ad}{T_0} \sum_{n=-\infty}^{\infty} \frac{\sin(n\pi d/T_0)}{n\pi d/T_0} e^{jn\omega_0 t} \quad \blacktriangleleft \tag{2.21}$$

例題 2.3 で求めたフーリエ係数 $|a_n|$ と振幅スペクトル $|c_n|$，位相スペクトル $\angle c_n$ を $A = 5$，$d/T_0 = 0.2$ として，$n = -20 \sim 20$ まで作図すると**図 2.5** のようになる．

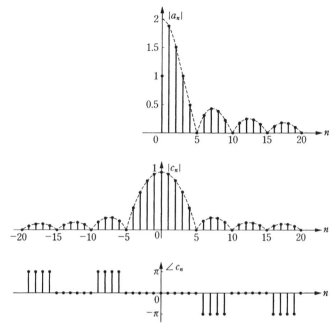

図 2.5 振幅スペクトルと位相スペクトル

【例題 2.4】 次の信号 $x(t)$ を複素フーリエ級数に展開して, 振幅スペクトル $|c_n|$ と位相スペクトル $\angle c_n$ を作図せよ.
$$x(t) = 1 + 3\cos(\omega_0 t) + 4\cos(2\omega_0 t + 60°) + 2\sin(3\omega_0 t)$$

【解答】 オイラーの公式より

$$x(t) = 1 + \frac{3}{2}\left(e^{j\omega_0 t} + e^{-j\omega_0 t}\right) + \frac{4}{2}\left\{e^{j(2\omega_0 t + 60°)} + e^{-j(2\omega_0 t + 60°)}\right\}$$
$$+ \frac{2}{2j}\left(e^{j3\omega_0 t} - e^{-j3\omega_0 t}\right)$$
$$= \left(e^{j\pi/2}\right)e^{-j3\omega_0 t} + \left(2e^{-j\pi/3}\right)e^{-j2\omega_0 t} + 1.5e^{-j\omega_0 t} + 1$$
$$+ 1.5e^{j\omega_0 t} + \left(2e^{j\pi/3}\right)e^{j2\omega_0 t} + \left(e^{-j\pi/2}\right)e^{j3\omega_0 t}$$

したがって, **図 2.6** の振幅スペクトル $|c_n|$ と位相スペクトル $\angle c_n$ を得る.

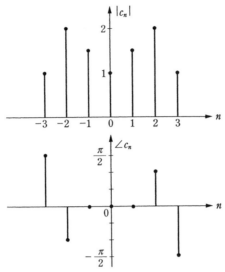

図 2.6 振幅スペクトルと位相スペクトル　　◀

2.3 フーリエ変換

フーリエ級数が周期信号の周波数解析に有力な手段であることを示してきた.
ところが, 実際に取り扱う信号の中には周期信号でない場合も多く, 非周期信号
も含めてフーリエ解析の手法を発展させる必要がある. いま, 周期 T_0 の周期信
号 $x_{T_0}(t)$ において, T_0 を無限大に近づけると, 信号 $x(t) = \lim_{T_0 \to \infty} x_{T_0}(t)$ はもは
や周期信号ではない. この極限過程を矩形パルス列について示したのが**図2.7**で
ある.

次に, 周期 T_0 を増大させたとき周期信号のフーリエ係数 c_n に及ぼす効果に
ついて考えてみよう. 例題2.3から矩形パルス列のフーリエ係数 c_n は次式によっ
て与えられた.

$$c_n = \frac{Ad}{T_0} \cdot \frac{\sin(n\omega_0 d/2)}{n\omega_0 d/2}$$

$$= \frac{Ad}{T_0} \cdot \frac{\sin(n\pi d/T_0)}{n\pi d/T_0}$$

図2.4の矩形パルス列で, 振幅 $A = 2$ とパルス幅 $d = 0.5$ を固定して T_0 を変え
て c_n を作図したのが**図2.8**である. 図 (a) は $T_0 = 1\,\mathrm{sec}$, 図 (b) は $T_0 = 2\,\mathrm{sec}$
のときの c_n を示していて, 同図から周期 T_0 が増加するとすべての高調波の振
幅は減少し, スペクトルの間隔が密になることがわかる.

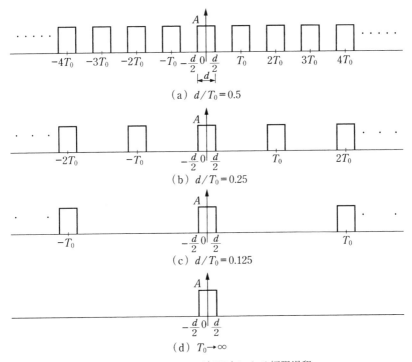

（a）$d/T_0 = 0.5$

（b）$d/T_0 = 0.25$

（c）$d/T_0 = 0.125$

（d）$T_0 \to \infty$

図 2.7 周期 T_0 が無限大になる極限過程

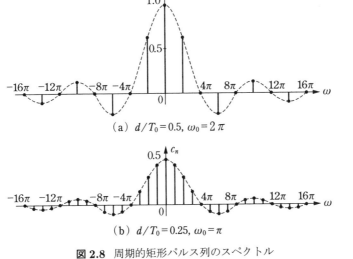

（a）$d/T_0 = 0.5$, $\omega_0 = 2\pi$

（b）$d/T_0 = 0.25$, $\omega_0 = \pi$

図 2.8 周期的矩形パルス列のスペクトル

次に図2.7の各矩形パルス列について, 振幅 $A = 8$ とパルス幅 $d = 0.125$ を固定して, 図 (a) の周期 T_0 を 0.25 秒, 図 (b) を 0.5 秒, 図 (c) を 1 秒として, 横軸の角周波数 $\omega(= n\omega_0)$ の範囲を $-64\pi \sim 64\pi$ まで各スペクトルを作図したのが**図2.9**である. ただし, 縦軸は $T_0 c_n$ として作図してあることに注意しよう. このため, 周期 T_0 に無関係に各包絡線は同じ形となり, パルス幅 d を固定して T_0 を増加させると包絡線のスペクトルはますます密になることがわかる.

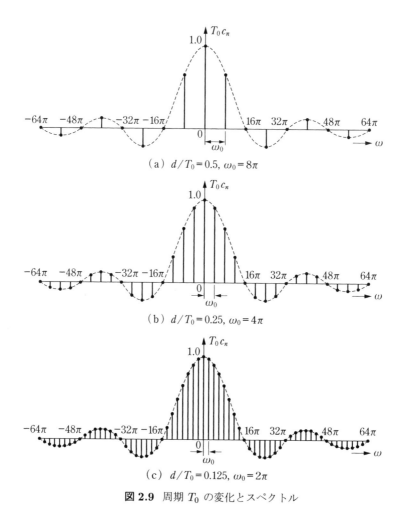

（a）$d/T_0 = 0.5$, $\omega_0 = 8\pi$

（b）$d/T_0 = 0.25$, $\omega_0 = 4\pi$

（c）$d/T_0 = 0.125$, $\omega_0 = 2\pi$

図 2.9 周期 T_0 の変化とスペクトル

以上の検討から, 周期 T_0 が無限大の極限では各高調波は際限なく接近してスペクトル c_n は無限小となり, 不連続なスペクトルが連続スペクトルになるこ

とが予想される. ここで, 複素フーリエ級数の式を思い起こそう. 式 (2.15) を式 (2.14) に代入すると,

$$x(t) = \sum_{n=-\infty}^{\infty} \left[\frac{1}{T_0} \int_{-T_0/2}^{T_0/2} x(\tau) e^{-jn\omega_0 \tau} \, d\tau \right] e^{jn\omega_0 t} \tag{2.22}$$

上式で, 変数 t との混乱を避けるため仮の積分変数 τ を用いている. $\omega_0 = 2\pi/T_0$ の関係より, 式 (2.22) は次式となる.

$$x(t) = \frac{1}{2\pi} \sum_{n=-\infty}^{\infty} \left[\omega_0 \int_{-T_0/2}^{T_0/2} x(\tau) e^{-jn\omega_0 \tau} \, d\tau \right] e^{jn\omega_0 t} \tag{2.23}$$

ここで, 周期 T_0 を十分大きくしていくと ω_0 はますます微小となり, $\omega_0 = \Delta\omega$ とおくとすべての高調波の角周波数 $n\omega_0$ は連続スペクトルを表す一般的な周波数の変数 ω に近づき,

$$x(t) = \frac{1}{2\pi} \sum_{n=-\infty}^{\infty} \left[\Delta\omega \int_{-\pi/\omega_0}^{\pi/\omega_0} x(\tau) e^{-jn\omega_0 \tau} \, d\tau \right] e^{jn\omega_0 t} \tag{2.24}$$

と表すことができる. 結局 $T_0 \to \infty$ の極限では $\Delta\omega \to d\omega$, $n\Delta\omega \to \omega$ となって, すべての高調波についての総和は連続周波数 ω の全範囲 $(-\infty \sim +\infty)$ にわたる積分となる. すなわち,

$$x(t) = \frac{1}{2\pi} \int_{-\infty}^{\infty} \left[\int_{-\infty}^{\infty} x(\tau) e^{-j\omega\tau} \, d\tau \right] e^{j\omega t} \, d\omega \tag{2.25}$$

を得る. ここで

$$X(\omega) = \int_{-\infty}^{\infty} x(t) e^{-j\omega t} \, dt = \mathcal{F}[x(t)] \tag{2.26}$$

を定義すると, 式 (2.25) は次式となる.

$$x(t) = \frac{1}{2\pi} \int_{-\infty}^{\infty} X(\omega) e^{j\omega t} \, d\omega = \mathcal{F}^{-1}[X(\omega)] \tag{2.27}$$

式 (2.26) で定義される $X(\omega)$ を信号 $x(t)$ の**フーリエ変換** (Fourier Transform : FT) といい, $X(\omega)$ から $x(t)$ を求める式 (2.27) を**逆フーリエ変換** (Inverse Fourier Transform : IFT) という. 以後, フーリエ変換を FT と記すことにする. また, 式 (2.26) と式 (2.27) を **FT 対**といい, 次のように表している.

$$x(t) \Leftrightarrow X(\omega) \tag{2.28}$$

関数 $X(\omega)$ は一般に複素数であるから,

$$X(\omega) = R(\omega) + jI(\omega) = |X(\omega)|e^{j\phi(\omega)} \tag{2.29}$$

$$|X(\omega)| = \sqrt{R^2(\omega) + I^2(\omega)} \tag{2.30}$$

$$\phi(\omega) = \tan^{-1}\frac{I(\omega)}{R(\omega)} = \angle X(\omega) \tag{2.31}$$

と表すことができる. ここで, $|X(\omega)|$ を信号 $x(t)$ の**絶対値スペクトル** (magnitude spectrum), $\phi(\omega)$ を**位相スペクトル** (phase spectrum) という.

【**例題 2.5**】　　$x(t)$ が実信号のとき $X(-\omega) = X^*(\omega)$ が成立することを示し, 絶対値スペクトル $|X(\omega)|$ は ω の偶関数, 位相スペクトル $\phi(\omega)$ は ω の奇関数となることを証明せよ.

【**解答**】　　$x(t)$ は実信号であるから, $x(t) = x^*(t)$ が成立し,

$$X^*(\omega) = \left\{\int_{-\infty}^{\infty} x(t)e^{-j\omega t}\,dt\right\}^* = \int_{-\infty}^{\infty} x^*(t)e^{j\omega t}\,dt$$

$$= \int_{-\infty}^{\infty} x(t)e^{j\omega t}\,dt = X(-\omega) \qquad \therefore\; X^*(\omega) = X(-\omega)$$

式 (2.29) より

$$X^*(\omega) = |X(\omega)|e^{-j\phi(\omega)}$$

$$X(-\omega) = |X(-\omega)|e^{j\phi(-\omega)}$$

ところが, $X^*(\omega) = X(-\omega)$ であるから

$$|X(\omega)|e^{-j\phi(\omega)} = |X(-\omega)|e^{j\phi(-\omega)}$$

ゆえに, $|X(-\omega)| = |X(\omega)|$, $\quad \phi(-\omega) = -\phi(\omega)$ ◀

通常, FT $X(\omega)$ が存在するための条件は

$$\int_{-\infty}^{\infty} |x(t)|\,dt < \infty \tag{2.32}$$

である. すなわち, 信号 $x(t)$ は絶対積分可能でなければならない. 上式は FT が存在するための十分条件であり, 必要条件ではない. 式 (2.32) を満足しない信号でも FT をもつことがある. 周期信号はこの条件を満足しないが, 変換の中にインパルス (デルタ) 関数を導入すれば FT が存在することを **2.5** 節で取り扱う.

周期 T_0 を限りなく大きくしたときの周期信号のスペクトルの様子を調べて非周期信号の FT を導いた. 見方を変えると, 周期信号 $x_p(t)$ は孤立した信号 $x(t)$ を 1 周期ごとに並べたもので, この様子を示したのが **図 2.10** である.

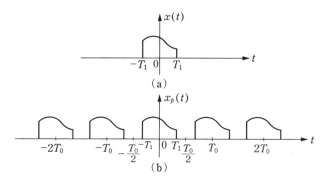

図 2.10 孤立信号 $x(t)$ と周期信号 $x_p(t)$

図 (b) の $x_p(t)$ は周期信号であるからフーリエ級数に展開できて, 次式が成立する.

$$x_p(t) = \sum_{n=-\infty}^{\infty} c_n e^{jn\omega_0 t} \tag{2.33}$$

$$c_n = \frac{1}{T_0} \int_{-T_0/2}^{T_0/2} x_p(t) e^{-jn\omega_0 t} \, dt \tag{2.34}$$

$-T_0/2 < t < T_0/2$ の区間では $x_p(t) = x(t)$ であり, 積分範囲の区間外では $x(t) = 0$ であるから式 (2.34) は次式のように書くことができる.

$$c_n = \frac{1}{T_0} \int_{-T_0/2}^{T_0/2} x_p(t) e^{-jn\omega_0 t} \, dt = \frac{1}{T_0} \int_{-\infty}^{\infty} x(t) e^{-jn\omega_0 t} \, dt \tag{2.35}$$

ここで,

$$X(n\omega_0) = \int_{-\infty}^{\infty} x(t) e^{-jn\omega_0 t} \, dt \tag{2.36}$$

と定義すれば, 次式の関係が成立する.

$$X(n\omega_0) = T_0 c_n = \frac{2\pi}{\omega_0} c_n, \quad n = 0, \pm 1, \pm 2, \cdots\cdots \tag{2.37}$$

この式は大変重要な意味をもっている. すなわち, ある範囲 $(-T_0/2 < t < T_0/2)$ 以外ではゼロとなる信号 $x(t)$ があるとき, この波形を周期 T_0 で繰り返す周期

波形 $x_p(t)$ を作り, そのフーリエ係数 c_n を求めると, $T_0 c_n$ は $\omega = n\omega_0$ ($n = 0, \pm 1, \pm 2 \cdots\cdots$) における $x(t)$ の FT $X(\omega)$ と完全に一致することを示している.

式 (2.33) および式 (2.37) から, $x_p(t)$ は次式となる.

$$x_p(t) = \sum_{n=-\infty}^{\infty} \frac{1}{T_0} X(n\omega_0) e^{jn\omega_0 t} \tag{2.38}$$

さらに, $1/T_0 = \omega_0/2\pi$ であるから次式を得る.

$$x_p(t) = \frac{1}{2\pi} \sum_{n=-\infty}^{\infty} X(n\omega_0) e^{jn\omega_0 t} \, \omega_0 \tag{2.39}$$

ここで周期 T_0 を次第に大きくしていくと角周波数の刻み ω_0 は次第に小さくなり, $n\omega_0$ は連続した値の角周波数 ω に近づく. 結局, $T_0 \to \infty$ の極限で $\omega_0 \to d\omega$, $n\omega_0 \to \omega$, これと同時に $x_p(t) \to x(t)$ となって, 式 (2.36) と式 (2.39) は次式のようになる.

$$X(\omega) = \int_{-\infty}^{\infty} x(t) e^{-j\omega t} \, dt \tag{2.40}$$

$$x(t) = \frac{1}{2\pi} \int_{-\infty}^{\infty} X(\omega) e^{j\omega t} \, d\omega \tag{2.41}$$

無論, この結果は式 (2.26) と式 (2.27) に一致していて, 同様に FT 対が得られることがわかる.

2.4　フーリエ変換の性質

式 (2.26) と式 (2.27) の FT 対から得られるいくつかの諸定理を示す.

(1)　線形性 (linearity)

$x_1(t) \Leftrightarrow X_1(\omega)$, $x_2(t) \Leftrightarrow X_2(\omega)$ のとき, a_1, a_2 を任意の定数として,

$$a_1 x_1(t) + a_2 x_2(t) \Leftrightarrow a_1 X_1(\omega) + a_2 X_2(\omega) \tag{2.42}$$

(2)　対称性 (symmetry)

$x(t) \Leftrightarrow X(\omega)$ のとき,

$$X(t) \Leftrightarrow 2\pi x(-\omega) \qquad \text{(問題 2.6 参照)} \tag{2.43}$$

(3)　時間軸の伸縮 (time scaling)

a を実定数として $x(t) \Leftrightarrow X(\omega)$ のとき,

$$x(at) \Leftrightarrow \frac{1}{|a|} X\left(\frac{\omega}{a}\right) \tag{2.44}$$

　この関係の具体的な例は, 通常の速さで録音したテープを異なる速さで再生したときに生じるスペクトルの変化である. 再生速度が録音速度より速い場合 ($a > 1$) には, 時間は圧縮され周波数スペクトルは広がる. すなわち, 再生周波数は高く聞こえる. 逆に再生速度が録音速度より遅い場合 ($a < 1$) には, 再生周波数は低く聞こえる.

(4)　時間軸の推移 (time shifting)

　$x(t) \Leftrightarrow X(\omega)$ のとき, 任意の実数 τ に対して,

$$x(t - \tau) \Leftrightarrow X(\omega)e^{-j\omega\tau} \tag{2.45}$$

(5)　周波数の推移 (frequency shifting)

　$x(t) \Leftrightarrow X(\omega)$ のとき, 任意の実数 ω_0 に対して,

$$x(t)e^{j\omega_0 t} \Leftrightarrow X(\omega - \omega_0) \tag{2.46}$$

(6)　時間微分 (time differentiation)

　式 (2.27) の両辺を t で微分すると,

$$\frac{dx(t)}{dt} \Leftrightarrow j\omega X(\omega) \tag{2.47}$$

(7)　周波数微分 (frequency differentiation)

　式 (2.26) の両辺を ω で微分すると,

$$-jtx(t) \Leftrightarrow \frac{dX(\omega)}{d\omega} \tag{2.48}$$

(8)　畳込み積分 (convolution integral)

　2 つの時間信号 $x_1(t)$ と $x_2(t)$ が与えられたとき,

$$x(t) = \int_{-\infty}^{\infty} x_1(\tau)x_2(t - \tau)\,d\tau \tag{2.49}$$

の関係を $x_1(t)$ と $x_2(t)$ の **畳込み積分** といい, 記号 ＊ を用いて次式のように表す.

$$x(t) = x_1(t) * x_2(t) \tag{2.50}$$

なお, 畳込み積分の物理的な意味と式の誘導については 3 章で詳しく述べる.

　　1)　**時間領域の畳込み** (time-convolution)　　時間信号 $x_1(t)$ と $x_2(t)$ の畳込み積分の FT は $x_1(t) \Leftrightarrow X_1(\omega)$, $x_2(t) \Leftrightarrow X_2(\omega)$ とすれば,

$$\int_{-\infty}^{\infty} x_1(\tau)x_2(t - \tau)\,d\tau \Leftrightarrow X_1(\omega)X_2(\omega) \tag{2.51}$$

が成立し, それぞれの時間信号の FT の積となる.

　　2) **周波数領域の畳込み** (frequency-convolution)　　時間信号 $x_1(t)$ と $x_2(t)$ の積の FT は,

$$x_1(t)x_2(t) \Leftrightarrow \frac{1}{2\pi} \int_{-\infty}^{\infty} X_1(\alpha) X_2(\omega - \alpha)\, d\alpha$$

$$= \frac{1}{2\pi} [X_1(\omega) * X_2(\omega)] \tag{2.52}$$

が成立し, それぞれの時間信号の FT の畳込み積分に等しくなる.

2.5　インパルス (デルタ) 関数とフーリエ変換

　　式 (2.32) は FT が存在するための十分条件で必要条件ではなかった. すなわち, この式を満足しない時間信号でもインパルス関数を導入すれば FT が存在し得る.

　　通常, **単位インパルス関数** (unit impulse function) $\delta(t)$ は次式によって定義される.

$$\delta(t) = \begin{cases} \infty, & t = 0 \\ 0, & t \neq 0 \end{cases}, \qquad \int_{-\infty}^{\infty} \delta(t)\, dt = 1 \tag{2.53}$$

$$\int_{-\infty}^{\infty} \delta(t)\phi(t)\, dt = \phi(0) \tag{2.54}$$

$$\int_{-\infty}^{\infty} \delta(t - t_0)\phi(t)\, dt = \phi(t_0) \tag{2.55}$$

　　この関係を物理的に結びつけるのは大変むずかしいが, 工学的には非常に大きな振幅ときわめて小さな幅をもち, その面積が 1 であるような鋭いパルス状の波形と考えてまず差し支えないであろう. 式 (2.54) は信号 $\phi(t)$ から $t = 0$ の値 $\phi(0)$ を, 式 (2.55) は $t = t_0$ の値 $\phi(t_0)$ を抜き出す働きがあると考えられ, 通常の積分の意味とは全く異なることに注意しよう.

　　図 2.11 に示した方形波において, $\Delta \to 0$ とした極限は $\delta(t)$ と考えられる. すなわち,

$$\delta(t) = \lim_{\Delta \to 0} \delta_\Delta(t) \tag{2.56}$$

と表すことができる.

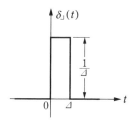

図 2.11　単位インパルス関数の近似

連続時間信号の基本的な波形として

$$u(t) = \begin{cases} 1, & t \geqq 0 \\ 0, & t < 0 \end{cases} \tag{2.57}$$

によって定義される**単位ステップ関数** (unit step function) $u(t)$ がある. これを**図 2.12** に示す.

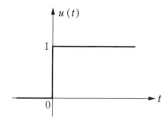

図 2.12　単位ステップ関数

単位インパルス関数 $\delta(t)$ を単位ステップ関数 $u(t)$ の導関数, すなわち,

$$\delta(t) = \frac{du(t)}{dt} \tag{2.58}$$

として定義することができる. ところが, $t = 0$ で $u(t)$ は不連続であるから微分不可能であり, 式 (2.58) を単位インパルス関数 $\delta(t)$ の正式な定義とすることに問題がある. そこで, 単位ステップ関数 $u(t)$ を**図 2.13**(a) に示す $u_\Delta(t)$ の $\Delta \to 0$ とした極限と考えれば,

$$\delta_\Delta(t) = \frac{du_\Delta(t)}{dt} \tag{2.59}$$

が成立し, 図 (b) の波形 $\delta_\Delta(t)$ が得られることが容易に理解できる. $\Delta \to 0$ に

つれて, $\delta_\Delta(t)$ はますます狭く高くなるが, 単位面積 1 を保つので式 (2.59) の極限で式 (2.58) が成立すると解釈することができる.

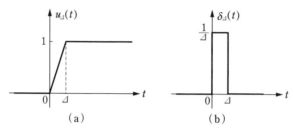

図 2.13　$u_\Delta(t)$ と $\delta_\Delta(t)$ の関係

図 2.13 で $u_\Delta(t)$ の高さが k であれば, $k\delta_\Delta(t)$ の高さは k/Δ で面積は k となることから, 一般に $\delta(t)$, $k\delta(t)$ を**図 2.14** のように表している. $t = 0$ における値は無限大であるが, 矢の高さはインパルス関数の面積を表していることに注意しよう.

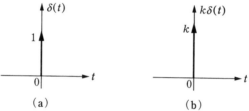

図 2.14　インパルス関数

次に, いくつかの特殊な関数に対する FT を考えよう.

(1)　単位インパルス関数の FT

単位インパルス関数 $\delta(t)$ の FT は式 (2.54) より,

$$\mathcal{F}[\delta(t)] = \int_{-\infty}^{\infty} \delta(t)e^{-j\omega t}\,dt = e^{-j\omega 0} = 1 \tag{2.60}$$

$$\delta(t) \Leftrightarrow 1 \tag{2.61}$$

が得られ, 単位インパルス関数の FT は 1 であることがわかる. すなわち**図 2.15** に示すように単位インパルス関数はすべての周波数について一様のスペクトル密度をもつことを示している. また推移した単位インパルス関数 $\delta(t - t_0)$ の FT 対は次式となる.

$$\delta(t - t_0) \Leftrightarrow e^{-j\omega t_0} \tag{2.62}$$

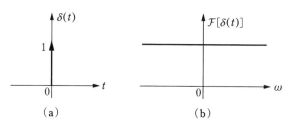

図 2.15 単位インパルス関数の FT

(2) 定数の FT

$x(t) = A$ の FT は次のようにして求めることができる. 式 (2.60) と式 (2.43) の対称性を用いると, $1 \Leftrightarrow 2\pi\delta(-\omega)$ を得る. ところが, $\delta(-\omega) = \delta(\omega)$, すなわちインパルス関数は偶関数であるから,

$$1 \Leftrightarrow 2\pi\delta(\omega) \tag{2.63}$$

$$A \Leftrightarrow A2\pi\delta(\omega) \tag{2.64}$$

が得られる. この FT 対の関係を**図 2.16** に示す.

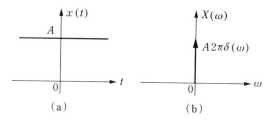

図 2.16 定数の FT

(3) 指数関数の FT

指数関数 $e^{j\omega_0 t}$ の FT は次式によって与えられる.

$$e^{j\omega_0 t} \Leftrightarrow 2\pi\delta(\omega - \omega_0) \tag{2.65}$$

この FT 対は式 (2.46) と式 (2.63) から容易に導かれる.

これまでの特殊な関数も含めてそのほかの関数の FT 対を**表 2.1** に示す.

表 2.1　代表的なフーリエ変換対

$x(t)$	$X(\omega)$
1.　$\delta(t)$	1
2.　$\delta(t - t_0)$	$e^{-j\omega t_0}$
3.　1	$2\pi\delta(\omega)$
4.　A	$2\pi A\delta(\omega)$
5.　$u(t)$	$\pi\delta(\omega) + \dfrac{1}{j\omega}$
6.　$e^{j\omega_0 t}$	$2\pi\delta(\omega - \omega_0)$
7.　$\cos\omega_0 t$	$\pi[\delta(\omega + \omega_0) + \delta(\omega - \omega_0)]$
8.　$\sin\omega_0 t$	$j\pi[\delta(\omega + \omega_0) - \delta(\omega - \omega_0)]$
9.　$e^{-at}u(t),\quad a > 0$	$\dfrac{1}{a + j\omega}$
10.　$e^{-a|t|},\quad a > 0$	$\dfrac{2a}{\omega^2 + a^2}$
11.　$\mathrm{sgn}(t) = \begin{cases} 1, & t \geqq 0 \\ -1, & t < 0 \end{cases}$	$\dfrac{2}{j\omega}$
12.　$p_a(t) = \begin{cases} 1, & \|t\| < a \\ 0, & \|t\| > a \end{cases}$	$2a\dfrac{\sin\omega a}{\omega a}$
13.　$\dfrac{\sin at}{\pi t}$	$p_a(\omega) = \begin{cases} 1, & \|\omega\| < a \\ 0, & \|\omega\| > a \end{cases}$

（注）　$\mathrm{sgn}(t)$ は**符号関数** (signum function) と呼ばれている.

(4)　単位インパルス列の FT

　周期的な単位インパルス列 $\delta_T(t)$ は,

$$\delta_T(t) = \sum_{n=-\infty}^{\infty} \delta(t - nT) \tag{2.66}$$

によって定義される. この単位インパルス列は, 連続時間信号を標本化するときに重要な働きをする. $2\pi/T = \omega_s$ として, 単位インパルス列の FT 対は次のようになる.

$$\delta_T(t) \Leftrightarrow \frac{2\pi}{T} \sum_{n=-\infty}^{\infty} \delta\left(\omega - \frac{2n\pi}{T}\right) = \omega_s \sum_{n=-\infty}^{\infty} \delta(\omega - n\omega_s) \tag{2.67}$$

【例題 2.6】 単位インパルス列 $\delta_T(t)$ のフーリエ級数を求めて, 式 (2.67) の FT 対を証明せよ.

【解答】

$$\delta_T(t) = \sum_{n=-\infty}^{\infty} \delta(t - nT)$$

$$c_n = \frac{1}{T} \int_{-T/2}^{T/2} \delta_T(t) e^{-jn\omega_s t}\, dt = \frac{1}{T} \int_{-T/2}^{T/2} \delta(t) e^{-jn\omega_s t}\, dt$$

$$= \frac{1}{T} e^{-jn\omega_s t}\bigg|_{t=0} = \frac{1}{T}$$

ゆえに

$$\delta_T(t) = \frac{1}{T} \sum_{n=-\infty}^{\infty} e^{jn\omega_s t} = \frac{1}{T} + \sum_{n=1}^{\infty} \frac{2}{T} \cos n\omega_s t$$

式 (2.65) より,

$$e^{j\omega_0 t} \Leftrightarrow 2\pi\delta(\omega - \omega_0)$$

$$\therefore \mathcal{F}[\delta_T(t)] = \frac{1}{T} \sum_{n=-\infty}^{\infty} 2\pi\delta(\omega - n\omega_s) = \omega_s \sum_{n=-\infty}^{\infty} \delta(\omega - n\omega_s) \quad \blacktriangleleft$$

　単位インパルス列の FT 対を**図 2.17** に示す. 例題 2.6 より, 単位インパルス列 $\delta_T(t)$ の FT は図 (b) に示すように周波数領域においても同様, 周期的なインパルス列となることがわかる. ここで時間領域の単位インパルス列の間隔が広がると, 周波数領域のインパルス列の間隔が狭くなることに注意しよう.

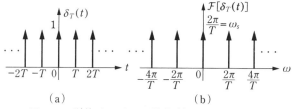

図 2.17 単位インパルス列 $\delta_T(t)$ の FT

(5)　周期信号の FT

周期 T_0 の周期信号 $x(t)$ の複素フーリエ級数は次式で与えられた.

$$x(t) = \sum_{n=-\infty}^{\infty} c_n e^{jn\omega_0 t}, \quad \omega_0 = \frac{2\pi}{T_0}$$

式 (2.65) より, 上式の FT を求めると次式を得る.

$$X(\omega) = 2\pi \sum_{n=-\infty}^{\infty} c_n \delta(\omega - n\omega_0) \tag{2.68}$$

すなわち, 周期信号 $x(t)$ の FT は $x(t)$ の各高調波周波数に位置した一連の等間隔 ω_0 のインパルスで与えられることを示している. さらに, その n 番目の高調波周波数 $n\omega_0$ のインパルスの面積が n 番目のフーリエ係数の 2π 倍であると解釈することができる.

第2章　演　習　問　題

【2.1】 フーリエ係数 a_n と b_n が式 (2.4), 式 (2.5) で与えられることを示せ.

【2.2】 図1に示す各周期波形のフーリエ級数を求めよ.

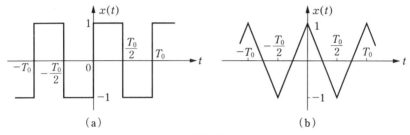

図 1 周期波形

【2.3】 フーリエ係数 c_n が式 (2.15) で与えられることを示せ. また, 指数関数の直交性, すなわち

$$\int_{-T_0/2}^{T_0/2} e^{j(n-m)\omega_0 t}\, dt = \begin{cases} 0, & n \neq m \\ T_0, & n = m \end{cases}$$

の関係を用いても同様の式が得られることを示せ.

【2.4】 次の信号 $x(t)$ の複素フーリエ級数を求めて, 振幅スペクトル $|c_n|$ と位相スペクトル $\angle c_n$ を作図せよ.
$$x(t) = 1 + \sin(\omega_0 t) + 2\cos(\omega_0 t) + \cos(2\omega_0 t + 45°)$$

【2.5】 符号関数 $\mathrm{sgn}(t)$ の FT 対 $\mathrm{sgn}(t) \Leftrightarrow 2/j\omega$ をまず証明して, 単位ステップ関数 $u(t)$ の FT 対 (表 2.1 の 5)

$$u(t) \Leftrightarrow \pi\delta(\omega) + \frac{1}{j\omega}$$

を証明せよ.

【2.6】 式 (2.43) の対称性を証明せよ.

【2.7】 **図 2**(a) の FT 対 (表 2.1 の 12) を証明せよ.また,対称性の関係を利用して図 (b) の FT 対 (表 2.1 の 13) を証明せよ.

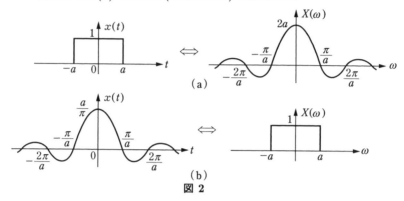

図 2

第3章 連続時間システム

3.1 線形時不変システムとインパルス応答

　連続時間信号を入出力とするようなシステムを**連続時間システム** (continuous time system) といい, 入力 $x(t)$ と出力 $y(t)$ の対応関係または因果関係を定めるものと考えることができる. システムが線形であれば, **図3.1** に示すように線形演算子 L を用いて次式のように表す.

$$L\{x(t)\} = y(t) \tag{3.1}$$

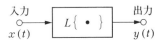

図 3.1 線形演算子

　線形なシステムとは, **重畳の理** (superposition theorem) によって定義される. すなわち, 入力 $x_1(t)$, $x_2(t)$ の出力をそれぞれ $y_1(t)$, $y_2(t)$ とすると, 任意の定数 a_1, a_2 に対して

$$\begin{aligned} L\{a_1 x_1(t) + a_2 x_2(t)\} &= L\{a_1 x_1(t)\} + L\{a_2 x_2(t)\} \\ &= a_1 y_1(t) + a_2 y_2(t) \end{aligned} \tag{3.2}$$

が成立するシステムを**線形システム** (linear system) という.

　入力 $x(t)$ に対する出力 $y(t)$ のシステムにシフトした入力 $x(t - t_0)$ を加えたとき,

$$L\{x(t - t_0)\} = y(t - t_0) \tag{3.3}$$

の関係が成立するシステムを**時不変**といい, 線形性と時不変性とをあわせもったシステムを**線形時不変** (Linear Time Invariant : LTI) **システム**という.

　図3.2(a) に示すように線形システムは, 単位インパルス $\delta(t)$ を入力として加えたときの応答 $h(t)$ によって完全に記述することができる. すなわち,

$$L\{\delta(t)\} = h(t) \tag{3.4}$$

の関係を**単位インパルス応答** (unit impulse response) または単に**インパルス応答**といい, 図 (b) に示すように線形システムが時不変であれば, 次式が成立する.

$$L\{\delta(t - t_0)\} = h(t - t_0) \tag{3.5}$$

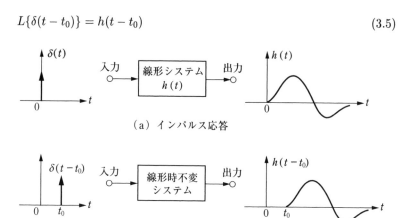

（a）インパルス応答

（b）線形時不変システム

図 3.2 インパルス応答と線形時不変システム

　有限な入力 $x(t)$ に対してその出力 $y(t)$ が有限であるとき, そのシステムは**安定** (stable) であるという. このとき, システムのインパルス応答 $h(t)$ に対する条件として,

$$\int_{-\infty}^{\infty} |h(t)| \, dt = M < \infty \tag{3.6}$$

の関係が成立する.

　システムに入力が印加される以前にその出力が現れないとき, すなわち入力 $x(t)$ が $t < 0$ でゼロであれば, その出力 $y(t)$ も $t < 0$ でゼロとなるとき, そのシステムは**因果性** (causal) を有しているという. 因果性システムのインパルス応答は次式を満たす.

$$h(t) = 0, \quad t < 0 \tag{3.7}$$

3.2　畳込み積分

　連続時間信号 $x(t)$ を**図 3.3**(a) に示すように階段状の波形 $\hat{x}(t)$ で近似することを考える. この $\hat{x}(t)$ は同図 (b) ～ (f) に示す遅れパルスの線形結合で表すことができる.

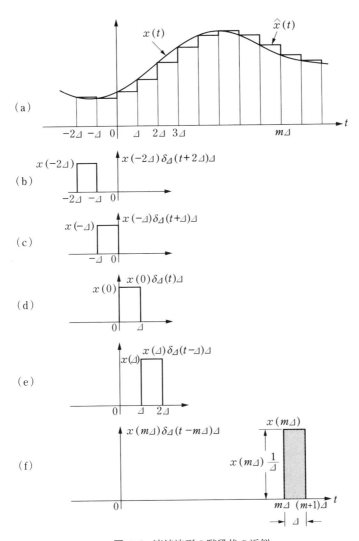

図 3.3 連続波形の階段状の近似

ここで,

$$\delta_{\Delta}(t) = \begin{cases} \dfrac{1}{\Delta}, & 0 \leqq t < \Delta \\ 0, & \text{その他} \end{cases} \tag{3.8}$$

と定義すれば, $\Delta \delta_{\Delta}(t)$ は単位 1 の大きさ (面積) を有するから近似波形 $\hat{x}(t)$ は,

$$\hat{x}(t) = \sum_{k=-\infty}^{\infty} x(k\Delta)\delta_\Delta(t - k\Delta) \cdot \Delta \tag{3.9}$$

と表すことができる．ここで任意の t に対して，式 (3.9) の右辺の総和はただ 1 つの項のみが非零となる．すなわち，$m\Delta \leq t < (m+1)\Delta$ において右辺は $x(m\Delta)$ となり，しかも図 (f) の網目部の面積が $x(m\Delta)$ に等しいことに注意しよう．

$\Delta \to 0$ につれて，式 (3.9) の左辺は $x(t)$ に等しくなるから次式のように表すことができる．

$$x(t) = \lim_{\Delta \to 0} \sum_{k=-\infty}^{\infty} x(k\Delta)\delta_\Delta(t - k\Delta) \cdot \Delta \tag{3.10}$$

$\delta_\Delta(t)$ は $\Delta \to 0$ の極限で単位インパルス関数 $\delta(t)$ となるから，結論として上式の総和は積分に置き換わり，次式を得る．

$$x(t) = \int_{-\infty}^{\infty} x(\tau)\delta(t - \tau)\, d\tau \tag{3.11}$$

上式は式 (2.55) と同様で，単位インパルス関数の定義から誘導できたことに注意しよう．

さて，ある線形時不変システムの入力に信号 $x(t)$ を加えたときの出力 $y(t)$ はどのような式で表されるだろうか．入力 $\hat{x}(t)$ は式 (3.9) のようにシフトされたパルスの線形結合で表現できた．したがって入力 $x(t)$ の応答を求める代わりに**図 3.4**(a) に示すような $\hat{x}(t)$ の個々の微小パルス入力に対する応答を求め，それらの総和をとれば図 (f) の応答 $\hat{y}(t)$ を求めることができる．ここで，システムの時不変性から入力 $\delta_\Delta(t - k\Delta)$ に対する応答として $h_\Delta(t - k\Delta)$ を定義すれば，式 (3.10) および線形システムの重畳の理から出力 $y(t)$ は，

$$y(t) = \lim_{\Delta \to 0} \sum_{k=-\infty}^{\infty} x(k\Delta)h_\Delta(t - k\Delta) \cdot \Delta \tag{3.12}$$

と表すことができる．パルス $\delta_\Delta(t - k\Delta)$ は $\Delta \to 0$ の極限でシフトした単位インパルスに近づくから，応答 $h_\Delta(t - k\Delta)$ も単位インパルスに対する応答，すなわち式 (3.4) のインパルス応答に近くなる．結局 $\Delta \to 0$ の極限では，式 (3.12) の右辺の総和は積分に置き換わり，

$$y(t) = \int_{-\infty}^{\infty} x(\tau)h(t - \tau)\, d\tau \tag{3.13}$$

が得られる．上式はすでに式 (2.49) で示した**畳込み積分** (convolution integral) で，インパルス応答 $h(t)$ の線形システムに入力 $x(t)$ を加えたときの出力 $y(t)$

を計算する重要な式となっている. この畳込み積分は式 (2.50) で示したと同様に記号 * を用いて次式のように表すことがある.

$$y(t) = x(t) * h(t) \tag{3.14}$$

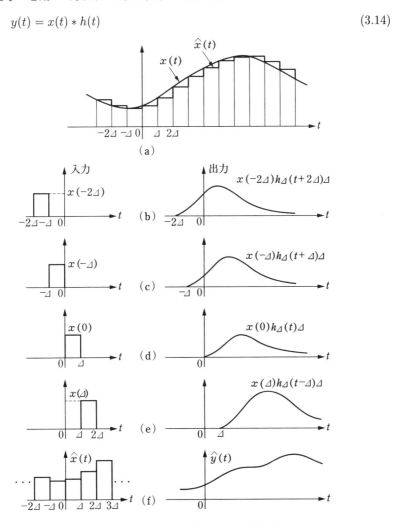

図 3.4 入力 $\hat{x}(t)$ と出力 $\hat{y}(t)$ の図式的解釈

式 (3.13) の畳込み積分から, 式 (3.11) は単位インパルス関数 $\delta(t)$ と $x(t)$ の畳込み積分を表していて, $\delta(t)$ と $x(t)$ の畳込みが $x(t)$ そのものになることがわかる. したがって, 次式が成立する.

$$x(t) * \delta(t) = x(t) \tag{3.15}$$

また, 次式の関係が成立することも容易に示すことができる.

$$x(t) * \delta(t - t_0) = x(t - t_0) \tag{3.16}$$

システムが因果性, すなわち $h(t) = 0$, $t < 0$ であれば式 (3.13) の τ の積分範囲は $-\infty$ から t までででよいから,

$$y(t) = \int_{-\infty}^{t} x(\tau)h(t - \tau)\,d\tau \tag{3.17}$$

さらに, 入力 $x(t)$ が因果性, すなわち $x(t) = 0$, $t < 0$ であれば, 積分範囲は次式となる.

$$y(t) = \int_{0}^{t} x(\tau)h(t - \tau)\,d\tau \tag{3.18}$$

【例題 3.1】　式 (3.13) は次式のようにも書けることを示せ.

$$y(t) = \int_{-\infty}^{\infty} h(\tau)x(t - \tau)\,d\tau = h(t) * x(t) \tag{3.19}$$

【解答】　式 (3.13) で, $t - \tau = t'$ とおくと, $-d\tau = dt'$

$$x(t) * h(t) = \int_{\infty}^{-\infty} x(t - t')h(t')(-dt')$$

$$= \int_{-\infty}^{\infty} x(t - t')h(t')\,dt' = \int_{-\infty}^{\infty} h(\tau)x(t - \tau)\,d\tau = h(t) * x(t)$$

$$\therefore \ x(t) * h(t) = h(t) * x(t) \quad \blacktriangleleft$$

【例題 3.2】　式 (3.16) の関係を証明せよ.

【解答】

$$x(t) * \delta(t - t_0) = \delta(t - t_0) * x(t)$$

$$= \int_{-\infty}^{\infty} \delta(\tau - t_0)x(t - \tau)\,d\tau = x(t - t_0)$$

$$\therefore \ x(t) * \delta(t - t_0) = x(t - t_0) \quad \blacktriangleleft$$

ここで, **図 3.5**(a) に示すように単位インパルス応答 $h(t) = e^{-at}$ のシステムに入力 $x(t)$ として図 (b) の単位ステップ関数 $u(t)$ を加えたときの出力, すなわわ

ち式 (3.18) の物理的な意味について考えてみよう.

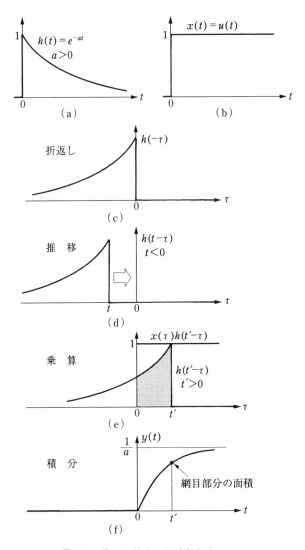

図 3.5 畳込み積分の図式的解釈

最初に $h(\tau)$ を折り返して $h(-\tau)$ を求める (図 c). すなわち, $h(-\tau)$ は $h(\tau)$ の"鏡像"となる. 次に $h(-\tau)$ を左から右へ t' だけ推移させる (図 e). さらに, $h(t'-\tau)$ と $x(\tau)$ の乗算を行い, 最後に網目部分の積分を行って $t = t'$ における出力 $y(t')$ の値を求める (図 f).

以上のように, 畳込み積分は折り返し, 推移, 乗算, そして積分という一連の計算過程を意味していることがわかる (問題 3.1 参照). このとき, 入力 $u(t)$ を折り返して計算しても, 同じ出力結果 $y(t)$ が得られることに注意しよう.

3.3 ラプラス変換と伝達関数

ラプラス変換は連続時間の信号やシステムの解析に欠かすことができない数学的道具の一つで, フーリエ変換と同様に重要な役割を果たしている. 特に, 定係数微分方程式で記述されたシステムを解析するとき, 微分方程式を代数方程式に変換する方法としてよく用いられる.

因果性の信号 $x(t)$ の**ラプラス変換** (Laplace Transform : LT) は次式によって定義される.

$$X(s) = \int_0^\infty x(t)e^{-st}\,dt$$
$$= \mathcal{L}[x(t)] \tag{3.20}$$

ここで変数 $s\,(=\sigma+j\omega)$ は複素数で, 以後ラプラス変換を LT で表すことにする. $X(s)$ から $x(t)$ を求める**逆ラプラス変換** (Inverse Laplace Transform :ILT) は,

$$x(t) = \frac{1}{2\pi j}\int_{c-j\infty}^{c+j\infty} X(s)e^{st}\,ds$$
$$= \mathcal{L}^{-1}[X(s)] \tag{3.21}$$

によって与えられ, 式 (3.20) と式 (3.21) の変換対を FT 対と同様に,

$$x(t) \Leftrightarrow X(s) \tag{3.22}$$

と表すことがある.

ここで, いくつかの代表的な LT 対を**表 3.1** に示しておく.

表 3.1　代表的なラプラス変換対

	$x(t)$	$X(s)$
1.	$\delta(t)$	1
2.	$u(t)$	$\dfrac{1}{s}$
3.	t	$\dfrac{1}{s^2}$
4.	t^n	$\dfrac{n!}{s^{n+1}}$
5.	$e^{-at}, \quad a > 0$	$\dfrac{1}{s+a}$
6.	$e^{-at}x(t), \quad a > 0$	$X(s+a)$
7.	$x(at), \quad a > 0$	$\dfrac{1}{a}X\left(\dfrac{s}{a}\right)$
8.	$\cos \omega_0 t$	$\dfrac{s}{s^2 + \omega_0^2}$
9.	$\sin \omega_0 t$	$\dfrac{\omega_0}{s^2 + \omega_0^2}$
10.	$e^{-at}\cos \omega_0 t$	$\dfrac{s+a}{(s+a)^2 + \omega_0^2}$
11.	$e^{-at}\sin \omega_0 t$	$\dfrac{\omega_0}{(s+a)^2 + \omega_0^2}$
12.	$\dfrac{dx(t)}{dt}$	$sX(s) - x(0)$
13.	$\dfrac{d^2x(t)}{dt^2}$	$s^2X(s) - sx(0) - x'(0)$
14.	$\displaystyle\int_0^t x(\tau)\,d\tau$	$\dfrac{X(s)}{s}$

さて,式 (3.20) は次式のようにも書くことができる.

$$X(s) = \int_{-\infty}^{\infty} \left\{ x(t)e^{-\sigma t} \right\} e^{-j\omega t}\,dt \tag{3.23}$$

　FT が存在するための条件は絶対積分可能であった. 上式は関数 $x(t)e^{-\sigma t}$ の フーリエ変換 FT と考えることができて, LT は信号 $x(t)$ に収束因子 $e^{-\sigma t}$ を掛 けているから FT の絶対積分可能の条件よりも緩いといえる. また, 式 (2.26) の FT は s 平面の虚軸 ($j\omega$ 軸) 上における LT と考えることができる. さらに, もし $x(t)$ が絶対積分可能であれば, $s = j\omega$ として $X(s)$ は $X(\omega)$ に等しくなる. こ のことは, 次の例題で確認することができる.

【例題 3.3】　　因果性の信号 $x(t)$ が

$$x(t) = e^{-at}u(t), \quad a > 0 \tag{3.24}$$

のとき, 信号 $x(t)$ の FT $X(\omega)$ および LT $X(s)$ を求めて,

$$X(s)|_{s=j\omega} = X(j\omega) = X(\omega) \tag{3.25}$$

の関係が成立することを示せ.

【解答】

$$X(\omega) = \int_{-\infty}^{\infty} x(t)e^{-j\omega t}\,dt = \int_{-\infty}^{\infty} e^{-at}u(t)e^{-j\omega t}\,dt$$

$$= \int_{0}^{\infty} e^{-(a+j\omega)t}\,dt = -\frac{1}{a+j\omega}\left[e^{-(a+j\omega)t}\right]_{0}^{\infty} = \frac{1}{a+j\omega}$$

$$X(s) = \int_{0}^{\infty} e^{-at}e^{-st}\,dt = \int_{0}^{\infty} e^{-(a+s)t}\,dt$$

$$= -\frac{1}{s+a}\left[e^{-(a+s)t}\right]_{0}^{\infty} = \frac{1}{a+s}, \quad (\mathrm{Re}(a+s) > 0)$$

$$\therefore \ X(s)\Big|_{s=j\omega} = X(\omega) \ \text{が成立する.} \quad \blacktriangleleft$$

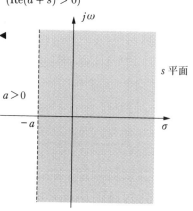

　例題 3.3 で, $\mathrm{Re}(a+s) > 0$ または $\mathrm{Re}(s) > -a$ のときに限り, $\displaystyle\lim_{t\to\infty} e^{-(a+s)t} = 0$ となる. このように, ラプラス変換が 存在する s 平面の範囲 $\mathrm{Re}(s) > -a$ を**収 束領域** (Region of Convergence : ROC) といい, この場合は**図 3.6** に示す範囲と なる.

　信号 $x(t)$ が単位ステップ関数 $u(t)$ の とき, すなわち,

図 3.6　収束領域

$$x(t) = u(t) = \begin{cases} 1, & t \geq 0 \\ 0, & t < 0 \end{cases} \tag{3.26}$$

の LT は $X(s) = 1/s$ で与えられ, 収束領域は $\mathrm{Re}(s) > 0$ である. ところが $x(t)$ は絶対積分可能ではないから $x(t)$ の FT は $X(\omega) = 1/j\omega$ とはならない. 単位インパルス関数 $\delta(t)$ を導入すれば $x(t)$ の FT $X(\omega)$ は存在して, 表 2.1 の 5 で示したように次式で与えられる (問題 2.5 参照).

$$\mathcal{F}[u(t)] = X(\omega) = \pi\delta(\omega) + \frac{1}{j\omega} \tag{3.27}$$

インパルス応答 $h(t)$ の因果性システムに入力 $x(t)$ を加えたときの出力 $y(t)$ は, 式 (3.18) の畳込み積分によって求めることができる. この式を再記すると,

$$y(t) = \int_0^t x(\tau)h(t-\tau)\,d\tau \tag{3.28}$$

この両辺の LT を求めると

$$Y(s) = H(s)X(s) \tag{3.29}$$

という大変重要な関係式が得られる. すなわち, LT も FT と同様に時間領域の畳込み積分の LT は複素領域で積の関係となる. また, 時間領域の積の LT は複素領域で畳込み積分の関係になることを容易に示すことができる.

【例題 3.4】 時間領域の畳込み積分式 (3.28) の LT は複素領域で積の関係, すなわち式 (3.29) となることを証明せよ.

【解答】

$$Y(s) = \int_0^\infty \left\{ \int_0^t x(\tau)h(t-\tau)\,d\tau \right\} e^{-st}\,dt$$

$h(t-\tau) = 0, \tau > t$ であるから,

$$Y(s) = \int_0^\infty \left\{ \int_0^\infty x(\tau)h(t-\tau)\,d\tau \right\} e^{-st}\,dt$$

ここで, $t - \tau = u$ とおいて τ を一時固定して積分順序を交換すると,

$$Y(s) = \int_0^\infty x(\tau) \left\{ \int_{-\tau}^\infty h(u)e^{-su}\,du \right\} e^{-s\tau}\,d\tau$$

{ } 内は

$$\int_{-\tau}^{\infty} h(u)e^{-su}\,du = \int_{-\tau}^{0} h(u)e^{-su}\,du + \int_{0}^{\infty} h(u)e^{-su}\,du = H(s)$$

なぜなら, $h(u) = 0,\ u < 0$

$$\therefore\ Y(s) = \int_{0}^{\infty} x(\tau)H(s)e^{-s\tau}\,d\tau = H(s)\int_{0}^{\infty} x(\tau)e^{-s\tau}\,d\tau$$

$$= H(s)X(s)　　◀$$

　式 (3.29) の $H(s)$ をシステムの**伝達関数** (transfer function) といい, $H(s) = Y(s)/X(s)$ の関係から " 伝達関数は入力 $x(t)$ と出力 $y(t)$ のラプラス変換の比で与えられる " ことがわかる.

　さらに, 入力 $x(t)$ を単位インパルス関数 $\delta(t)$ とすれば $H(s) = Y(s)$ の関係が得られるから, " インパルス応答 $h(t)$ のラプラス変換が伝達関数 " と考えてもよい. したがって, 次式が成立する.

$$h(t) \Leftrightarrow H(s) \tag{3.30}$$

　一般にあるシステムの伝達関数は微分方程式をもとにしてラプラス変換を適用すれば求められる. ただし, このときシステムの初期条件はすべてゼロとしなければならない.

　通常, 線形システムの伝達関数 $H(s)$ の一般形は次式のように表すことができる.

$$H(s) = \frac{b_k s^k + b_{k-1}s^{k-1} + \cdots\cdots + b_0}{a_\ell s^\ell + a_{\ell-1}s^{\ell-1} + \cdots\cdots + a_0} = \frac{N(s)}{D(s)} \tag{3.31}$$

　上式の分子 $N(s)$ と分母 $D(s)$ は因数分解可能で, これらの根は実数または複素数となる. ここで, $N(s)$ の根を伝達関数 $H(s)$ の**零点** (zeros), $D(s)$ の根を**極** (poles) といい, s 平面における零点と極を決定すれば, その線形システムは完全に特徴づけられる. 例えば,

$$H(s) = \frac{s(s-1)}{(s+1)(s^2+s+1)} \tag{3.32}$$

の伝達関数は, $s = 0$ と $s = 1$ に零点, $s = -1$ と $s = -0.5 \pm j\sqrt{3}/2$ に複素共役対の極をもっていて, 一般に**図 3.7** に示すように, 零点を " ○ " 印, 極を " × " 印と表している.

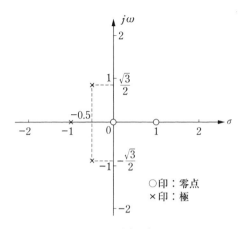

図 3.7 零点と極の配置

式 (3.6) より, システムが安定であるための条件はインパルス応答 $h(t)$ が絶対積分可能であった. この条件は, 伝達関数 $H(s)$ のすべての極が s 平面の左半平面に存在することと等価である. 例えば,

$$H(s) = \frac{1}{s+a}, \quad a > 0 \tag{3.33}$$

は安定なシステムであるが

$$H(s) = \frac{1}{s-a}, \quad a > 0 \tag{3.34}$$

は不安定なシステムの例である. また,

$$H(s) = \frac{1}{s^2 + \omega_0{}^2} \tag{3.35}$$

の極は $j\omega$ 軸上に一対の複素共役対として存在するため, インパルス応答 $h(t)$ は振動的となる.

以上の伝達関数のインパルス応答を **図 3.8** に, 伝達関数の極配置に対するインパルス応答の関係を**図 3.9** に示す.

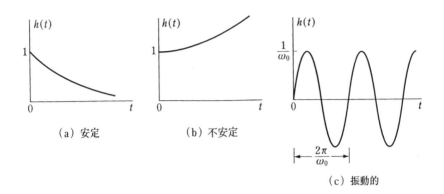

（a）安定　　　　　　（b）不安定

（c）振動的

図 3.8 安定, 不安定, 振動的なシステムのインパルス応答

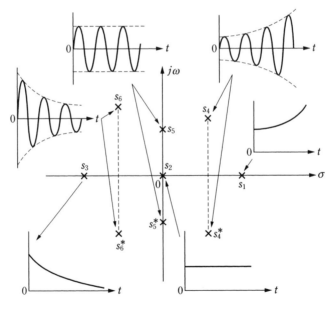

図 3.9 伝達関数の極配置とインパルス応答

3.4　ラプラス変換の性質と応用

FT と同様に, LT 対から得られるいくつかの諸定理を示す.

(1) 線形性 (linearity)
$x_1(t) \Leftrightarrow X_1(s)$, $x_2(t) \Leftrightarrow X_2(s)$ のとき, a_1, a_2 を実定数として,

$$a_1 x_1(t) + a_2 x_2(t) \Leftrightarrow a_1 X_1(s) + a_2 X_2(s) \tag{3.36}$$

(2) 時間推移 (time shifting)
$x(t) \Leftrightarrow X(s)$ のとき, 実数 τ に対して,

$$x(t - \tau) \Leftrightarrow e^{-\tau s} X(s) \tag{3.37}$$

(3) s 領域推移 (s-domain shifting)
$x(t) \Leftrightarrow X(s)$ のとき, 実数 $a > 0$ に対して,

$$e^{-at} x(t) \Leftrightarrow X(s + a) \tag{3.38}$$

(4) 時間の伸縮 (time scaling)
$x(t) \Leftrightarrow X(s)$, のとき, 実定数 $a > 0$ に対して,

$$x(at) \Leftrightarrow \frac{1}{a} X\left(\frac{s}{a}\right) \tag{3.39}$$

(5) 時間微分 (time differentiation)

$$\frac{dx(t)}{dt} \Leftrightarrow sX(s) - x(0) \tag{3.40}$$

$$\frac{d^2 x(t)}{dt^2} \Leftrightarrow s^2 X(s) - sx(0) - x'(0) \tag{3.41}$$

ここで, $x'(0) = dx(t)/dt|_{t=0}$ と $x(0)$ は初期条件に関係する項である.

(6) 時間積分 (integration)

$$\int_0^t x(t)\, dt \Leftrightarrow \frac{1}{s} X(s) \tag{3.42}$$

【例題 3.5】 **図 3.10** に示す RC 回路の伝達関数 $H(s)$ とインパルス応答 $h(t)$ および入力に $u(t)$ を加えたときの応答, すなわち単位ステップ応答 $y(t)$ を求めよ. ただし, 初期電荷はゼロとする.

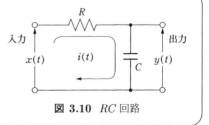

図 3.10 RC 回路

【解答】　図 3.10 にキルヒホッフの法則を適用すると,

$$
\left.
\begin{aligned}
R\,i(t) + \frac{1}{C}\int_0^t i(t)dt &= x(t) \\
\frac{1}{C}\int_0^t i(t)\,dt &= y(t)
\end{aligned}
\right\}
$$

上式の両辺のラプラス変換を求めると,

$$
RI(s) + \frac{1}{C\,s}I(s) = X(s)
$$

$$
\frac{1}{C\,s}I(s) = Y(s)
$$

伝達関数 $H(s)$ は,

$$
H(s) = \frac{Y(s)}{X(s)} = \frac{\dfrac{1}{C\,s}I(s)}{\left(R + \dfrac{1}{C\,s}\right)I(s)} = \frac{1}{1 + CRs} = \frac{1}{CR}\cdot\frac{1}{s + \dfrac{1}{CR}}
$$

インパルス応答 $h(t)$ は,

$$
h(t) = \mathcal{L}^{-1}\{H(s)\} = \mathcal{L}^{-1}\left\{\frac{1}{CR}\cdot\frac{1}{s + \dfrac{1}{CR}}\right\} = \frac{1}{CR}e^{-t/CR}
$$

入力 $x(t) = u(t)$ の LT は $X(s) = 1/s$ であるから, ステップ応答 $y(t)$ は,

$$
y(t) = \mathcal{L}^{-1}\{H(s)X(s)\} = \mathcal{L}^{-1}\left\{\frac{1}{CR}\cdot\frac{1}{s + \dfrac{1}{CR}}\cdot\frac{1}{s}\right\}
$$

$$
= \mathcal{L}^{-1}\left\{\frac{1}{s} - \frac{1}{s + \dfrac{1}{CR}}\right\} = 1 - e^{-t/CR} \qquad \blacktriangleleft
$$

3.5　システム関数と周波数特性

　インパルス応答 $h(t)$ の線形システムに入力 $x(t)$ として複素指数関数 $e^{j\omega t}$ を加えたとき, 出力 $y(t)$ は畳込み積分によって計算することができる. すなわち, 式 (3.19) より,

$$
y(t) = h(t) * x(t) = h(t) * e^{j\omega t}
$$

$$
= \int_{-\infty}^{\infty} h(\tau)e^{j\omega(t-\tau)}\,d\tau
$$

$$= \left[\int_{-\infty}^{\infty} h(\tau) e^{-j\omega\tau}\, d\tau \right] e^{j\omega t} \tag{3.43}$$

となる. ここで,

$$H(\omega) = \int_{-\infty}^{\infty} h(t) e^{-j\omega t}\, dt \tag{3.44}$$

と定義すれば式 (3.43) の [ ] 内はインパルス応答 $h(t)$ の FT $H(\omega)$ を表していて, この $H(\omega)$ を線形システムの**システム関数** (system function) という. すなわち, 次のように表すことができる.

$$h(t) \Leftrightarrow H(\omega) \tag{3.45}$$

式 (3.43) より, 入力が角周波数 ω の複素指数関数 $e^{j\omega t}$ のとき, 出力も同じ角周波数の複素指数関数 $H(\omega)e^{j\omega t}$ となることがわかる. ところが, 線形システムの入力と出力とでは一般に振幅と位相が異なり, その違いはシステム関数 $H(\omega)$ の性質によって決まってくる. このことは, 入力に通常の正弦波を加えても同様のことがいえる.

一般に, システム関数 $H(\omega)$ は複素数であるから次式のように表すことができる.

$$\begin{aligned} H(\omega) &= R(\omega) + jI(\omega) \\ &= |H(\omega)| e^{j\theta(\omega)} \end{aligned} \tag{3.46}$$

$$|H(\omega)| = \sqrt{R^2(\omega) + I^2(\omega)} \tag{3.47}$$

$$\begin{aligned} \theta(\omega) &= \tan^{-1} \frac{I(\omega)}{R(\omega)} \\ &= \angle H(\omega) \end{aligned} \tag{3.48}$$

上式の $|H(\omega)|$ を **振幅応答** (amplitude response), $\theta(\omega)$ を**位相応答** (phase response) といい, 振幅応答と位相応答の両方を**周波数特性** (frequency characteristic) と呼んでいる.

式 (3.25) で示したようにシステムが因果性で安定な場合には, システム関数 $H(\omega)$ と伝達関数 $H(s)$ の間には

$$\begin{aligned} H(\omega) &= H(s)|_{s=j\omega} \\ &= H(j\omega) \end{aligned} \tag{3.49}$$

の関係が成立する.

【例題 3.6】　次式は 10 章で述べるバタワースフィルタの伝達関数を示している.

$$H(s) = \frac{1}{s^2 + \sqrt{2}s + 1}$$

$H(s)$ の極配置を示し, 振幅応答 $|H(\omega)|$ と位相応答 $\theta(\omega)$ を求めよ.

【解答】　$s^2 + \sqrt{2}s + 1 = 0$ より

$$s = -\frac{1}{\sqrt{2}} \pm j\frac{1}{\sqrt{2}}$$

極配置を **図 3.11** に示す.

$$H(\omega) = H(s)|_{s=j\omega} = \frac{1}{(j\omega)^2 + \sqrt{2}(j\omega) + 1}$$

$$= \frac{1}{1 - \omega^2 + j\sqrt{2}\omega} = \frac{1 - \omega^2 - j\sqrt{2}\omega}{1 + \omega^4}$$

ゆえに

$$|H(\omega)| = \frac{\sqrt{1 + \omega^4}}{1 + \omega^4} = \frac{1}{\sqrt{1 + \omega^4}}$$

$$\angle H(\omega) = -\tan^{-1}\frac{\sqrt{2}\omega}{1 - \omega^2} \quad \blacktriangleleft$$

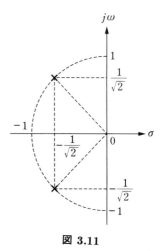

図 3.11

第3章　演習問題

【3.1】　図 3.5 の出力 $y(t)$ を式 (3.18) の畳込み積分から計算せよ.

【3.2】　次の伝達関数のインパルス応答を計算せよ.

(1)　$H(s) = \dfrac{1}{s(s+1)}$　　(2)　$H(s) = \dfrac{3s+9}{s^2+7s+10}$

(3)　$H(s) = \dfrac{3}{s(s+2)^2}$

【3.3】　図 1 の CR 回路は, 制御系の応答特性改善のための補償回路として
しばしば用いられる. それぞれの伝達関数を求めよ.

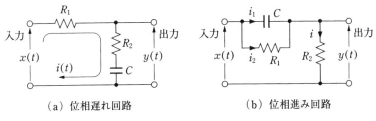

(a) 位相遅れ回路　　　　　　　　　　　　(b) 位相進み回路

図 1

【3.4】　図 2 に示す RC 回路の伝達関数 $H(s)$ を求め, さらにインパルス応
答 $h(t)$ を計算せよ.

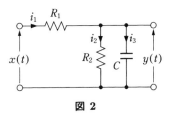

図 2

【3.5】　図 3 に示す RLC 回路の伝達関数 $H(s)$ を求め, さらにインパルス
応答 $h(t)$ と単位ステップ応答を計算せよ.

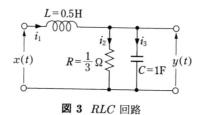

図 3 *RLC* 回路

【**3.6**】　あるシステム伝達関数 $H(s)$ を

$$H(s) = \frac{s(s-3)(s^2+2s-3)}{(s+1)(s+4)(s^2+ks+5)}$$

とする．ここで，$k \geq 0$ である．

(a)　$H(s)$ の極と零点を $k = 4$ として図示せよ．

(b)　$k = 0$ および $k > 0$ の場合について，システムの安定性を論ぜよ．

第4章　連続時間信号の標本化

4.1　サンプル値信号

　連続時間信号 $x(t)$ は標本化 (サンプリング) によって離散時間の信号として取り出される. この取り出す時間間隔 T を**サンプリング周期**, その逆数 $1/T = f_s$ を**サンプリング周波数**ということはすでに述べた.

　信号 $x(t)$ が理想サンプラを通過すると出力はサンプル値信号 $x_s(t)$ となり, この出力は**図 4.1** に示すように $x(t)$ と単位インパルス列 $\delta_T(t)$ の積と考えることができる.

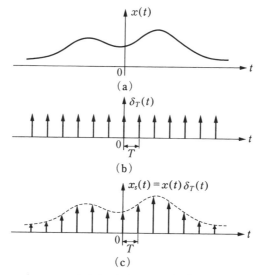

図 4.1　連続時間信号 $x(t)$ の標本化

すなわち,

$$x_s(t) = x(t)\delta_T(t) \tag{4.1}$$

$\delta_T(t)$ の定義とその性質から $x_s(t)$ は,

$$x_s(t) = x(t) \sum_{n=-\infty}^{\infty} \delta(t - nT)$$

$$= \sum_{n=-\infty}^{\infty} x(t)\delta(t - nT) = \sum_{n=-\infty}^{\infty} x(nT)\delta(t - nT) \qquad (4.2)$$

と表すことができる．上式より，$x_s(t)$ は T[秒] の一定間隔でサンプルされる時点において $x(t)$ に等しいことを示している．

　こうして得られたサンプル値信号 $x_s(t)$ の系列 $\{x(nT)\}$ からもとの連続時間信号 $x(t)$ の復元が可能であるかということが問題となる．もし可能であれば，信号 $x(t)$ と系列 $\{x(nT)\}$ は等価なものと考えることができる．

　系列 $\{x(nT)\}$ から信号 $x(t)$ が復元可能な条件を与えているのが次節で述べる**標本化定理** (sampling theorem) である．

　図 4.2 は連続的な正弦波に対してサンプリング周期をいろいろ変えたときに得られるサンプル値信号の様子を示している．サンプリング周期が短ければ短い

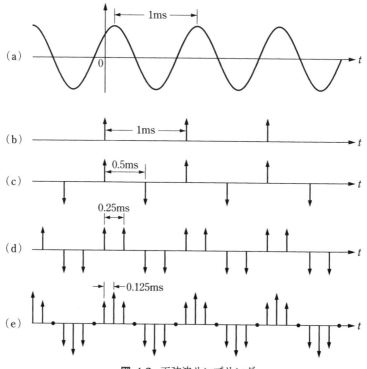

図 4.2 正弦波サンプリング

ほど, サンプリングされた信号はもとの正弦波に近くなる. ところが同図 (b) の場合, もとの信号が正弦波であるにもかかわらず, サンプリングされた波形はつねに同じ振幅のパルス列となり, この系列 $\{x(nT)\}$ から正弦波の復元が不可能なことは明らかである (問題 4.1 参照).

このように, サンプリング周期を短くすればするほど, サンプル値はもとの信号の様子を忠実に表す. だからといって, むやみにサンプリング周期を短くすることは得策ではない. なぜなら, リアルタイムを前提とするコンピュータ処理やディジタルシステムでは取り込んだサンプル値信号に対して目的とする演算処理をほどこすからである. この演算処理にある程度の時間を要することはいうまでもない.

では一体, 対象とする連続時間信号に対して適切なサンプリングの周期または周波数をどのように決めればよいであろうか？この答もやはり標本化定理が与えてくれる.

4.2 標本化定理

標本化定理とは "ある連続時間信号 $x(t)$ が f_M [Hz] 以上の周波数成分を含まないとき, すなわち最高周波数を f_M [Hz] とすれば, $2f_M$ [Hz] 以上のサンプリング周波数または $1/2 f_M$ [秒] 以下のサンプリング周期 T で信号 $x(t)$ を標本化すれば, その標本化系列 $\{x(nT)\}$ からもとの信号 $x(t)$ を完全に復元することができる" ことを述べている.

この定理をもっと具体的にいうと, 仮にある信号が 5 kHz までの周波数成分しか含まれていなければ, 少なくとも 10 kHz 以上の周波数でサンプリングしなければならないということである. したがって, 図 4.2 で標本化定理を満たしているのは図 (c) 〜 (e) ということになる.

次に, 標本化定理を数式的に導いてみよう. その前に, 最高周波数が $\omega_M = 2\pi f_M$ に帯域制限された連続時間信号 $x(t)$ の周波数スペクトル $X(\omega)$ と信号 $x(t)$ を標本化して得られたサンプル値信号 $x_s(t)$ の周波数スペクトル $X_s(\omega)$ との関係について考えてみよう.

$x_s(t)$ はサンプリング周期を $T(= 2\pi/\omega_s = 1/f_s)$ として式 (4.2) によって与えられた. 単位インパルス関数 $\delta(t)$ の性質を用いて $x_s(t)$ の FT $X_s(\omega)$ を求めると,

$$X_s(\omega) = \int_{-\infty}^{\infty} \left\{ \sum_{n=-\infty}^{\infty} x(nT)\delta(t-nT) \right\} e^{-j\omega t}\, dt$$

$$= \sum_{n=-\infty}^{\infty} x(nT) \int_{-\infty}^{\infty} \delta(t-nT) e^{-j\omega t}\, dt \tag{4.3}$$

すなわち, 式 (2.55) より次式を得る.

$$X_s(\omega) = \sum_{n=-\infty}^{\infty} x(nT)e^{-jn\omega T} \tag{4.4}$$

　上式は $x_s(t)$ の FT であると同時に, フーリエ係数を $x(nT)$ として $X_s(\omega)$ がフーリエ級数に展開できることを示している. すなわち, サンプル値信号 $x_s(t)$ の FT を求めると $X_s(\omega)$ は角周波数 ω の周期関数になることがわかる. 事実, k を任意の整数として $X_s(\omega) = X_s(\omega + k\omega_s)$ が成立することを容易に示すことができて, $X_s(\omega)$ の周期はサンプリング角周波数 ω_s に等しい (問題 4.2 参照).

　問題は $X(\omega)$ と $X_s(\omega)$ との関係である. 単位インパルス列 $\delta_T(t)$ の FT は式 (2.67) によって与えられた. これを再記すると,

$$\delta_T(t) \Leftrightarrow \frac{2\pi}{T} \sum_{n=-\infty}^{\infty} \delta\left(\omega - \frac{2n\pi}{T}\right) = \omega_s \sum_{n=-\infty}^{\infty} \delta(\omega - n\omega_s)$$

　ここで, 式 (2.52) で示したように時間領域の積の FT は周波数領域で畳込み積分に等しくなることを思い起こそう. すなわち, $x_s(t)$ は $x(t)$ と $\delta_T(t)$ の積で与えられるから, $x_s(t)$ の FT $X_s(\omega)$ は次式のように表すことができる (問題 4.3 参照).

$$\begin{aligned}
X_s(\omega) &= \frac{1}{2\pi}\left[X(\omega) * \omega_s \sum_{n=-\infty}^{\infty} \delta(\omega - n\omega_s)\right] \\
&= \frac{1}{T}\left[X(\omega) * \sum_{n=-\infty}^{\infty} \delta(\omega - n\omega_s)\right] \\
&= \frac{1}{T} \sum_{n=-\infty}^{\infty} X(\omega) * \delta(\omega - n\omega_s)
\end{aligned} \tag{4.5}$$

さらに, 式 (3.16) より $x(t) * \delta(t - t_0) = x(t - t_0)$ の関係が成立するから, 上式は次式となる (問題 4.4 参照).

$$X_s(\omega) = \frac{1}{T} \sum_{n=-\infty}^{\infty} X(\omega - n\omega_s) \tag{4.6}$$

上式は式 (4.4) の $X_s(\omega)$ に代わる別の表現形式で大変重要な意味をもっている. すなわち, **図 4.3** に示すようにもとの連続時間信号 $x(t)$ を図 (a), その周波数スペクトル $X(\omega)$ を図 (b) とすれば, $X(\omega)$ に係数 $1/T$ を掛けてサンプリング角周波数 ω_s ごとに並べてすべてを加算したものが図 (f) の $X_s(\omega)$ に等しくなる

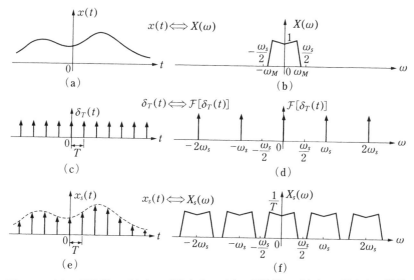

図 4.3 $x(t)$ の周波数スペクトル $X(\omega)$ と $x_s(t)$ の周波数スペクトル $X_s(\omega)$ の関係

ことを示している. 図 (c) の単位インパルス列 $\delta_T(t)$ の FT は図 (d) に示すように周波数領域においても周期的なインパルス列になることはすでに図 2.17 で示した. このとき, $x(t)$ の周波数スペクトル $X(\omega)$ が $\omega_s/2$ 以上の周波数成分を含まなければ, すなわち,

$$f_s \geqq 2f_M \tag{4.7}$$

の関係を保てば, $X_s(\omega)$ は互いのスペクトルが重なり合うことなく $X(\omega)/T$ のスペクトルを周期 ω_s として周期的に並べられることに注意しよう. このとき, $-\omega_M \leqq \omega \leqq \omega_M$ の範囲では $X_s(\omega) = 1/T \cdot X(\omega)$ であるから, サンプル値信号 $x_s(t)$ を**図 4.4** の理想低域フィルタ $F(\omega)$ に通すことによって $x(t)$ が復元可能と考えられる.

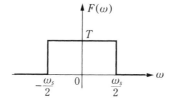

図 4.4 理想低域フィルタ

【標本化定理の式の誘導】

　次に，サンプル値信号 $x_s(t)$ の系列 $\{x(nT)\}$ からもとの信号 $x(t)$ がどのように復元されるか数式的に導いてみよう．

　図 4.3 より，$-\omega_s/2 \leqq \omega \leqq \omega_s/2$ $(-\pi/T \leqq \omega \leqq \pi/T)$ の範囲で次式が成立する．

$$X_s(\omega) = \frac{1}{T}X(\omega), \quad -\frac{\pi}{T} \leqq \omega \leqq \frac{\pi}{T} \tag{4.8}$$

連続時間信号 $x(t)$ は $X(\omega)$ の逆フーリエ変換より，

$$x(t) = \frac{1}{2\pi}\int_{-\pi/T}^{\pi/T} X(\omega)e^{j\omega t}\,d\omega \tag{4.9}$$

であるから，式 (4.8) を考慮すれば，上式は

$$x(t) = \frac{1}{2\pi}\int_{-\pi/T}^{\pi/T} TX_s(\omega)e^{j\omega t}\,d\omega \tag{4.10}$$

と表すことができる．ところが，式 (4.4) を上式に代入すれば次式を得る．

$$x(t) = \frac{T}{2\pi}\int_{-\pi/T}^{\pi/T} \left\{ \sum_{n=-\infty}^{\infty} x(nT)e^{-jn\omega T} \right\} e^{j\omega t}\,d\omega \tag{4.11}$$

ここで，積分と和の順序を交換すれば，

$$x(t) = \sum_{n=-\infty}^{\infty} x(nT)\left[\frac{T}{2\pi}\int_{-\pi/T}^{\pi/T} e^{j\omega(t-nT)}\,d\omega \right] \tag{4.12}$$

が成立し，積分を実行すれば次式を得る (問題 4.5 参照)．

$$x(t) = \sum_{n=-\infty}^{\infty} x(nT)\frac{\sin\pi(t-nT)/T}{\pi(t-nT)/T} = \sum_{n=-\infty}^{\infty} x(nT)\frac{\sin\omega_M(t-nT)}{\omega_M(t-nT)} \tag{4.13}$$

　すなわち，上式は**図 4.5** に示す**標本化関数** (sampling function) と呼ばれる関数，

$$S_a(x) = \frac{\sin x}{x} \tag{4.14}$$

にサンプル値 $x(nT)$ を掛けて，$n = -\infty \sim +\infty$ にわたって得られる波形をすべて加えることによって連続時間信号 $x(t)$ が復元できることを意味している．この様子を示したのが**図 4.6** である．ここでサンプリング周期の最大間隔

$T = 1/(2f_M)$ を**ナイキスト間隔** (Nyquist interval) といい，$2f_M$ [Hz] を**ナイキスト周波数** (Nyquist frequency) という．サンプリング周期はナイキスト間隔以下であればどのように選んでもよい．

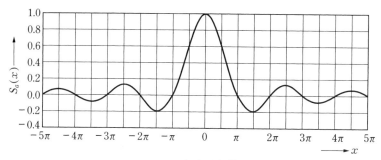

図 **4.5**　標本化関数

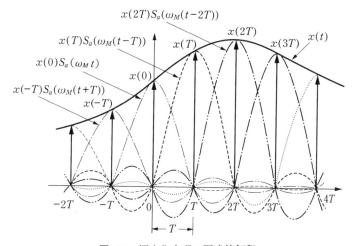

図 **4.6**　標本化定理の図式的解釈

4.3　エイリアシング

　前節の標本化定理で，連続時間信号 $x(t)$ が f_M [Hz] 以上の周波数成分を含まないとき，式 (4.7) を満たす $2f_M$ 以上のサンプリング周波数または $1/(2f_M)$ 以下の間隔 T でサンプルすれば，そのサンプル値系列 $\{x(nT)\}$ からもとの信号 $x(t)$ が復元できることを示した．

では一体, 式 (4.7) の条件を満たさないとき, すなわち

$$f_s < 2f_M \text{ または } T > 1/(2f_M) \tag{4.15}$$

の条件でサンプルしたらどのような現象が起こるだろうか?

　図 4.3 では $f_s > 2f_M$ として示してあるので, サンプル値信号 $x_s(t)$ の FT $X_s(\omega)$ は互いに重なりあうことなく, $-\omega_M \leqq \omega \leqq \omega_M$ の範囲で $TX_s(\omega) = X(\omega)$ と考えることができた.

　図 4.7(b) は $f_s = 2f_M$ のときの $X_s(\omega)$ を示していて, このときも $X_s(\omega)$ は互いに重なってはいない. ところが図 (c) に示すように標本化定理に反して $f_s < 2f_M$ とすると, $-\omega_M \leqq \omega \leqq \omega_M$ の範囲で $TX_s(\omega) \neq X(\omega)$ となることが容易にわかる. したがって, 図 4.4 の理想低域フィルタを用いても $X_s(\omega)$ から $X(\omega)$ を抽出することは不可能となり, このような現象を**エイリアシング** (aliasing) と呼んでいる. エイリアシングが起こると, $f_s/2$ より高い $x(t)$ の周波数成分は $f_s/2$ を中心にして $0 \leqq f \leqq f_s/2$ の範囲に折り返し, 雑音成分となる.

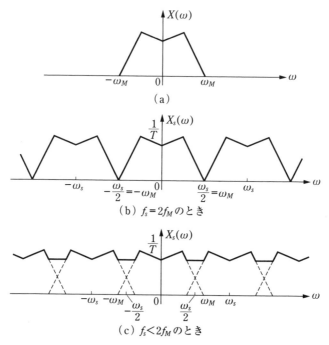

図 4.7　$f_s = 2f_M$ と $f_s < 2f_M$ のときの周波数スペクトル $X_s(\omega)$

　図 4.8 は, 1000 Hz の正弦波を 1250 Hz のサンプリング周波数でサンプルした結果を示している. この場合, 標本化定理から 2 kHz 以上でサンプルしなけれ

ばならないが, 1 250 Hz のサンプル値からは明らかにエイリアシング現象が生じてしまい, そのサンプル値からもとの信号があたかも 250 Hz の正弦波であるかのように観測されてしまう (問題 4.6 参照).

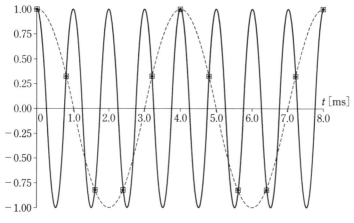

図 4.8 エイリアシング

通常このエイリアシングを避けるため, **図 4.9** に示すようにサンプリングを行う以前に遮断周波数が $f_s/2$ [Hz] のアナログ低域フィルタを設けて, $f_s/2$ より高い周波数成分を除去している. このようなフィルタを**アンチエイリアスフィルタ**と呼ぶことはすでに述べた.

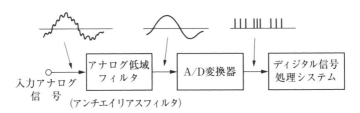

図 4.9 アンチエイリアスフィルタ

第4章　演　習　問　題

【4.1】　図 4.2(a) の正弦波の周波数および図 (b) ～ (d) のサンプリング周波数
を求めよ.

【4.2】　$X_s(\omega)$ が ω_s を周期とする周期関数, すなわち $X_s(\omega) = X_s(\omega + k\omega_s)$
が成立することを示せ.

【4.3】　時間領域の積の FT は周波数領域で畳込み積分となることを示せ.
すなわち, 式 (2.52) の FT 対

$$x_1(t)x_2(t) \Leftrightarrow \frac{1}{2\pi}[X_1(\omega) * X_2(\omega)]$$

が成立することを示せ.

【4.4】　FT の性質式 (2.46) および式 $\delta_T(t)$ の複素フーリエ級数, すなわち

$$\delta_T(t) = \sum_{n=-\infty}^{\infty} \delta(t - nT) = \frac{1}{T} \sum_{n=-\infty}^{\infty} e^{jn\omega_s t}$$

を用いても, 式 (4.6) が導かれることを示せ.

【4.5】　式 (4.12) の積分を実行して, 式 (4.13) が得られることを示せ.

【4.6】　図 4.8 のエイリアシング周波数が 250 [Hz] となることを周波数軸上か
ら説明せよ. 同様に, 1 [kHz] の正弦波をサンプリング周波数 1.4 [kHz] で
サンプルしたときのエイリアシングの周波数を求めよ.

第5章 離散時間信号と Z 変換

5.1 離散時間信号

連続時間信号 $x(t)$ は一定の時間間隔 T のサンプリングによってサンプル値信号 $x_s(t)$ の系列 $\{x(nT)\}$, すなわち離散時間の信号として取り出すことができた.

図 5.1 は音声の母音波形 “ ア ” を示していて, 図 (a) が連続時間信号, 図 (b) はその離散時間信号を示している. サンプリング周波数が 8 kHz であれば, 周期 T は 125 μs となる.

（a）連続時間信号

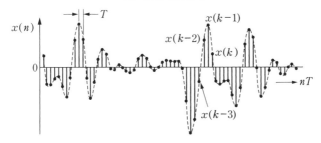

（b）離散時間信号

図 5.1 音声母音波形の連続時間と離散時間波

以後 図 5.1 に示すように, 便宜的にサンプリング周期 T を省略して離散時間信号の系列 $\{x(nT)\} = \{x(n)\}$ と表し, $\{x(n)\}$ を “**数列 $x(n)$** ”, $x(k)$ を “**k 番**

目の標本 " と呼ぶことがある. $x(k)$ は非整数の k に対して定義されていないから, 整数でない k に対する $x(k)$ の値をゼロと考えるのは正しくない.

　離散時間信号の基本的な数列をいくつか示す.

(1)　単位インパルス数列 (unit impulse sequence)

　単位インパルス数列 $\delta(n)$ は,

$$\delta(n) = \begin{cases} 1, & n = 0 \\ 0, & n \neq 0 \end{cases} \tag{5.1}$$

によって定義され, **図 5.2** (a) のように示す. この数列は連続時間信号の単位インパルス関数 $\delta(t)$ にきわめてよく似た性質をもっているが, $\delta(t)$ に比べて数学的な煩雑さは何もない.

　図 (b) の右シフトした単位インパルス数列は,

$$\delta(n - n_0) = \begin{cases} 1, & n = n_0 \\ 0, & n \neq n_0 \end{cases} \tag{5.2}$$

と表すことができる.

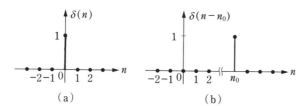

(a) 　　　　　　　　　　　(b)

図 5.2　単位インパルス数列

(2)　単位ステップ数列 (unit step sequence)

　図 5.3 に示す単位ステップ数列 $u(n)$ は, 次式によって定義される.

$$u(n) = \begin{cases} 1, & n \geqq 0 \\ 0, & n < 0 \end{cases} \tag{5.3}$$

同様に, 図 (b) の右シフトした単位ステップ数列は次式となる.

$$u(n - n_0) = \begin{cases} 1, & n \geqq n_0 \\ 0, & n < n_0 \end{cases} \tag{5.4}$$

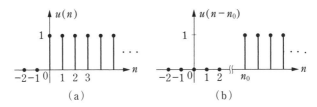

図 **5.3** 単位ステップ数列

単位インパルス数列と単位ステップ数列の間には, 次式のような関係がある.

$$\delta(n) = u(n) - u(n-1) \tag{5.5}$$

$$u(n) = \sum_{k=-\infty}^{n} \delta(k) \tag{5.6}$$

また, 一般の数列 $x(n)$ は単位サンプル数列 $\delta(n)$ を用いて,

$$x(n) = \sum_{k=-\infty}^{\infty} x(k)\delta(n-k) \tag{5.7}$$

のように表すことができる. 一例として, 次の数列を**図 5.4** に示す.

$$x(n) = a_{-3}\delta(n+3) + a_{-1}\delta(n+1) + a_0\delta(n) + a_1\delta(n-1)$$
$$+ a_2\delta(n-2) + a_3\delta(n-3)$$

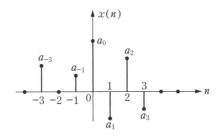

図 **5.4** 数列の一例

(3)　実指数数列 (real exponential sequence)

実指数数列は次式のような数列である.

$$x(n) = C\alpha^n \tag{5.8}$$

ここで, C と α は任意の実定数である.

【**例題 5.1**】　図 5.5 に示す各実指数数列 $x(n) = C\alpha^n$ について, α はどのような範囲の値をとるか. ただし, C は正の実定数とする.

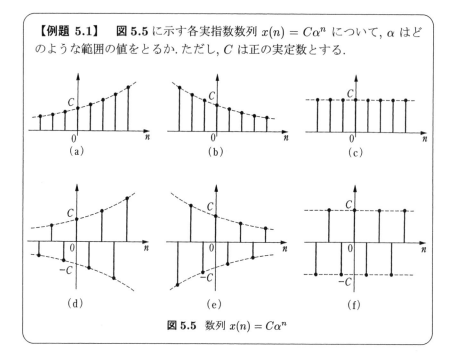

図 5.5　数列 $x(n) = C\alpha^n$

【**解答**】　(a)　$1 < \alpha$　(b)　$0 < \alpha < 1$　(c)　$\alpha = 1$　(d)　$\alpha < -1$
(e)　$-1 < \alpha < 0$　(f)　$\alpha = -1$　◀

(4)　正弦波数列 (sinusoidal sequence)

連続信号 $x(t) = A\cos(\omega_0 t)$ に対して, 正弦波数列は次式のような値をとる数列で, T はサンプリング周期である.

$$x(n) = A\cos(n\omega_0 T) = A\cos(n\Omega_0), \quad \Omega_0 = \omega_0 T \tag{5.9}$$

もし, $x(n) = x(n + N)$ がすべての n について成立すれば, 数列 $x(n)$ は周期 N で周期的であるという. 正弦波数列は $2\pi/\Omega_0$ が整数のときに限り $2\pi/\Omega_0$ の周期を, $2\pi/\Omega_0$ が整数ではないが有理数であれば周期的であり, $2\pi/\Omega_0$ よりも長い周期をもつ. ところが, $2\pi/\Omega_0$ が無理数であれば, 正弦波状数列は周期的とはならない (問題 5.1 参照).

図 5.6(a) の正弦波数列は周期 7 で周期的である. ところが, 図 (b) は $2\pi/\Omega_0 = 2\pi$ となるので周期的とはならない.

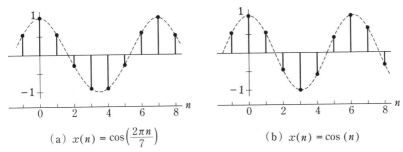

（a）$x(n) = \cos\left(\dfrac{2\pi n}{7}\right)$ 　　　　（b）$x(n) = \cos(n)$

図 5.6 離散時間の正弦波状信号

5.2 Z 変換

因果性のサンプル値信号 $x_s(t)$ は, 次式のように連続時間信号 $x(t)$ と単位インパルス列 $\delta_T(t)$ の積によって表すことができた.

$$x_s(t) = x(t)\delta_T(t)$$
$$= x(t)\delta(t) + x(t)\delta(t - T) + x(t)\delta(t - 2T) + \cdots\cdots \tag{5.10}$$

上式の LT $X_s(s)$ を求めると,

$$X_s(s) = \int_0^\infty \{x(t)\delta(t) + x(t)\delta(t - T) + x(t)\delta(t - 2T) + \cdots\cdots\} e^{-st}\, dt \tag{5.11}$$

となり, インパルス関数の性質を適用して項別に積分を行えば, 次式を得る.

$$X_s(s) = x(0) + x(T)e^{-Ts} + x(2T)e^{-2Ts} + \cdots\cdots$$
$$= \sum_{n=0}^\infty x(nT)e^{-nTs} \tag{5.12}$$

ここで, 複素変数 z を次式のように定義する.

$$z = e^{sT} \tag{5.13}$$

上式を式 (5.12) に代入し, 左辺を $X(z)$ と定義すれば

$$X(z) = \sum_{n=0}^\infty x(n)z^{-n} = \mathcal{Z}[x(n)] \tag{5.14}$$

が得られる. 上式の $X(z)$ を離散時間信号 $x(nT) = x(n)$ の **Z 変換** (Z-Transform) といい, $x(n)$ の Z 変換が $X(z)$ であるとき, FT や LT と同様に次のように表す.

$$x(n) \Leftrightarrow X(z) \tag{5.15}$$

以後 Z 変換を ZT と記すことにする. また, 因果性の数列に対する式 (5.14) を **片側 Z 変換** (single sided Z-transform), 非因果性の数列に対する次式の ZT を **両側 Z 変換** (double sided Z-transform) という.

$$X(z) = \sum_{n=-\infty}^{\infty} x(n)z^{-n} = \mathcal{Z}[x(n)] \tag{5.16}$$

なお, z は複素変数であるから数列 $x(n)$ が実数であっても $X(z)$ は一般に複素数となる. $X(z)$ から $x(n)$ を求める **逆 Z 変換** については後述する.

ZT はすべての数列に対して収束するとは限らず, またすべての z の値に対して収束するとは限らない. 式 (5.16) が収束するためにはその数列が絶対加算可能, すなわち次式が成立するときである.

$$\sum_{n=-\infty}^{\infty} |x(n)z^{-n}| = \sum_{n=-\infty}^{\infty} |x(n)||z^{-n}| < \infty \tag{5.17}$$

ラプラス変換と同様に, 与えられた数列の ZT が存在するための z の値の集合を **収束領域** (region of convergence : ROC) という. 一般に, 両側 Z 変換の収束領域は z 平面のある 2 つの円に挟まれた環状領域, $n = 0 \sim \infty$ の数列, すなわち因果性の右側数列に対する Z 変換の収束領域はある円の外側となる. また, $n = -\infty \sim -1$ の左側数列の Z 変換の収束領域はある円の内側となる.

ZT の応用の中で重要なのは LT の場合と同様, $X(z)$ が有理関数, すなわち次式のように z の多項式の比になっている場合である.

$$X(z) = \frac{a_0 + a_1 z^{-1} + a_2 z^{-2} + \cdots\cdots + a_p z^{-p}}{b_0 + b_1 z^{-1} + b_2 z^{-2} + \cdots\cdots + b_q z^{-q}} = \frac{N(z)}{D(z)} \tag{5.18}$$

ここで, $N(z) = 0$ となる z の値を **零点** (zeros), $D(z) = 0$ となる z の値を **極** (poles) という. 一般に $p < q$ が成立し, 整数 q を $X(z)$ の **次数** (order) という.

次に, 基本的な数列の ZT をいくつか示す.

(1)　単位インパルス数列の ZT

$$X(z) = \sum_{n=0}^{\infty} \delta(n)z^{-n} = \delta(0)z^{-0} = 1 \tag{5.19}$$

したがって, 収束領域は z 平面全体となる.

(2)　単位ステップ数列の ZT

$$X(z) = \sum_{n=0}^{\infty} u(n)z^{-n} = \sum_{n=0}^{\infty} z^{-n} = \frac{1}{1 - z^{-1}} = \frac{z}{z - 1}, \quad |z| > 1 \qquad (5.20)$$

この数列は $|z^{-1}| < 1$ または $|z| > 1$ であれば収束する. したがって収束領域は $|z| > 1$, すなわち単位円の外側となる.

(3)　右側数列 $x(n) = a^n u(n)$ の ZT

$$X(z) = \sum_{n=0}^{\infty} a^n z^{-n} = \sum_{n=0}^{\infty} (az^{-1})^n$$

$$= \frac{1}{1 - az^{-1}} = \frac{z}{z - a}, \quad |z| > |a| \qquad (5.21)$$

したがって, $X(z)$ は $z = 0$ に 1 つの零点, $z = a$ に 1 つの極をもち, 収束領域は半径 a の外側で, 零点を "○" 印, 極を "×" 印として**図 5.7** に示す.

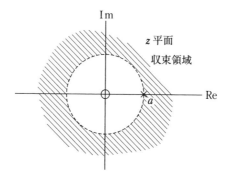

図 5.7　右側数列の収束領域

(4)　指数数列 $x(n) = e^{-anT}u(n)$ の ZT

1)　a が実数のとき,

$$X(z) = \sum_{n=0}^{\infty} e^{-anT} z^{-n} = \sum_{n=0}^{\infty} (e^{-aT} z^{-1})^n$$

$$= \frac{1}{1 - e^{-aT} z^{-1}} = \frac{z}{z - e^{-aT}}, \quad |z| > e^{-aT} \qquad (5.22)$$

2)　a が虚数のとき,

$$X(z) = \frac{1}{1 - e^{-aT} z^{-1}} = \frac{z}{z - e^{-aT}}, \quad |z| > 1 \qquad (5.23)$$

指数数列 $x(n) = e^{-anT}u(n)$ の ZT は a が実数のときと虚数のときで同じ結果になるが,収束領域が異なることに注意しよう.

(5)   左側数列 $x(n) = -b^n u(-n-1)$ の ZT

$$X(z) = \sum_{n=-\infty}^{-1} -b^n z^{-n} = \sum_{n=1}^{\infty} -b^{-n} z^n$$

$$= 1 - \sum_{n=0}^{\infty} b^{-n} z^n = 1 - \sum_{n=0}^{\infty} \left(b^{-1} z\right)^n \tag{5.24}$$

したがって,$|b^{-1}z| < 1$,すなわち $|z| < |b|$ ならばこの数列は収束して,

$$X(z) = 1 - \frac{1}{1 - b^{-1}z} = \frac{z}{z-b}, \quad |z| < |b| \tag{5.25}$$

となる. $X(z)$ の零点と極および収束領域を**図 5.8** に示す.

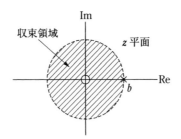

図 5.8 左側数列の収束領域

【例題 5.2】   両側数列 $x(n) = a^n u(n) - b^n u(-n-1)$ の ZT を求めて,零点と極および収束領域を図示せよ.ただし,$|a| < |b|$ とする.

【解答】   式 (5.21) ,(5.25) から

$$X(z) = \sum_{n=-\infty}^{\infty} \left[a^n u(n) - b^n u(-n-1)\right] z^{-n}$$

$$= \frac{z}{z-a} + \frac{z}{z-b} = \frac{z(2z-a-b)}{(z-a)(z-b)}$$

ゆえに,零点は $z = 0, z = (a+b)/2$,極は $z = a, z = b$

したがって収束領域は**図 5.9** に示す環状領域となる.

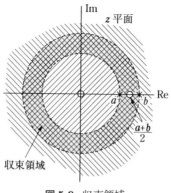

図 5.9 収束領域 ◀

以上の例から，システムが安定であるためには ZT の収束領域内に極があってはならず，さらに収束領域が $z = \infty$ を含めば，その数列は因果性数列であることがわかる．

代表的な因果性の離散時間信号に対する ZT を**表 5.1** に示す．

表 5.1 代表的な離散時間信号の Z 変換対

$x(n)$	$X(z)$	収束領域
1. $\delta(n)$	1	全平面
2. $\delta(n-m)$	z^{-m}	$z \neq 0$
3. $u(n)$	$\dfrac{1}{1 - z^{-1}}$	$\|z\| > 1$
4. $a^n u(n)$	$\dfrac{1}{1 - az^{-1}}$	$\|z\| > \|a\|$
5. $\sin(n\omega T)u(n)$	$\dfrac{\sin \omega T z^{-1}}{1 - 2\cos \omega T z^{-1} + z^{-2}}$	$\|z\| > 1$
6. $\cos(n\omega T)u(n)$	$\dfrac{1 - \cos \omega T z^{-1}}{1 - 2\cos \omega T z^{-1} + z^{-2}}$	$\|z\| > 1$
7. $e^{-n\alpha T}\sin(n\omega T)u(n)$	$\dfrac{e^{-\alpha T}\sin \omega T z^{-1}}{1 - 2e^{-\alpha T}\cos \omega T z^{-1} + e^{-2\alpha T}z^{-2}}$	$\|z\| > e^{-\alpha T}$
8. $e^{-n\alpha T}\cos(n\omega T)u(n)$	$\dfrac{1 - e^{\alpha T} - \cos \omega T z^{-1}}{1 - 2e^{-\alpha T}\cos \omega T z^{-1} + e^{-2\alpha T}z^{-2}}$	$\|z\| > e^{-\alpha T}$

5.3　Z 変換の性質

離散時間の信号やシステムの解析に有用ないくつかの Z 変換の性質を示すことにする.

(1)　線形性 (linearity)

$x_1(n) \Leftrightarrow X_1(z),\ x_2(n) \Leftrightarrow X_2(z)$ のとき, $a_1,\ a_2$ を任意の定数として, 次式が成立する.

$$a_1 x_1(n) + a_2 x_2(n) \Leftrightarrow a_1 X_1(z) + a_2 X_2(z) \tag{5.26}$$

(2)　推移定理 (real shifting)

$x(n) \Leftrightarrow X(z)$ のとき, 信号 $x(n-m)$ の ZT は,

$$x(n-m) \Leftrightarrow z^{-m} X(z) \tag{5.27}$$

この定理は, 6 章の離散時間システムの解析で重要な働きをする.

【**例題 5.3**】　式 (5.27) の推移定理を証明せよ.

【**解答**】

$$\mathcal{Z}[x(n-m)] = \sum_{n=0}^{\infty} x(n-m) z^{-n} = z^{-m} \sum_{n=0}^{\infty} x(n-m) z^{-(n-m)}$$

$n - m = k$ とおくと,

$$z^{-m} \sum_{n=0}^{\infty} x(n-m) z^{-(n-m)} = z^{-m} \sum_{k=-m}^{\infty} x(k) z^{-k}$$

$x(k)$ を因果性, すなわち $x(k) = 0,\ k < 0$ とすれば

$$z^{-m} \sum_{k=-m}^{\infty} x(k) z^{-k} = z^{-m} \sum_{k=0}^{\infty} x(k) z^{-k} = z^{-m} X(z)$$

$$\therefore\ \mathcal{Z}[x(n-m)] = z^{-m} X(z) \qquad \blacktriangleleft$$

(3)　指数数列の積 (multiplication by exponential sequence)

$x(n) \Leftrightarrow X(z)$ のとき, 指数数列 e^{-anT} との積 $e^{-anT} x(n)$ に対して,

$$e^{-anT} x(n) \Leftrightarrow X(e^{aT} z) \qquad (\text{問題 5.4 参照}) \tag{5.28}$$

(4) 畳込み定理 (convolution)

2 つの離散時間信号 $x_1(n)$ と $x_2(n)$ の畳込み演算は,

$$y(n) = x_1(n) * x_2(n) = \sum_{k=-\infty}^{\infty} x_1(k)x_2(n-k) \tag{5.29}$$

によって定義される. $x_1(n)$, $x_2(n)$ が因果性の信号であれば, 畳込み演算は次式となる.

$$y(n) = \sum_{k=0}^{\infty} x_1(k)x_2(n-k) \tag{5.30}$$

このとき $x_1(n) \Leftrightarrow X_1(z)$, $x_2(n) \Leftrightarrow X_2(z)$ とすれば, 次式が成立する.

$$y(n) \Leftrightarrow X_1(z)X_2(z) \tag{5.31}$$

すなわち, ZT も FT や LT と同様に時間領域の畳込み演算の ZT は複素領域で積の関係となることがわかる. なお, 畳込み演算の ZT とその計算例については 6 章で述べる.

5.4 逆 Z 変換

ZT $X(z)$ から離散時間信号の数列 $x(n)$ は次の**逆 Z 変換** (Inverse Z-Transform) で求めることができる.

$$x(n) = \frac{1}{2\pi j} \oint_C X(z)z^{n-1} \, dz = \mathcal{Z}^{-1}[X(z)] \tag{5.32}$$

ここで積分路 C は $x(z)$ の収束領域内にあり, 原点を囲む反時計方向にまわる閉路である. 上式の逆 Z 変換は**コーシー** (Cauchy) **の積分定理**, すなわち

$$\frac{1}{2\pi j} \oint_C z^{k-1} \, dz = \delta(k) = \begin{cases} 1, & k = 0 \\ 0, & k \neq 0 \end{cases} \tag{5.33}$$

を用いて導くことができる.

【**例題 5.4**】 式 (5.33) のコーシーの積分定理を証明せよ.

【**解答**】 $k = 0$ のとき

$$\frac{1}{2\pi j} \oint_C z^{-1} \, dz = \frac{1}{2\pi j} \oint_C \frac{1}{z} \, dz$$

閉路 C の方程式を $z = Re^{j\theta}$ とおけば

$$dz = jRe^{j\theta}\, d\theta = jz\, d\theta \qquad \therefore\ \frac{dz}{z} = j\, d\theta$$

したがって,

$$\frac{1}{2\pi j} \oint_C \frac{dz}{z} = \frac{1}{2\pi j} \int_0^{2\pi} j\, d\theta = 1$$

$k \neq 0$ のとき,

$$\begin{aligned}
\frac{1}{2\pi j} \oint_C z^{k-1}\, dz &= \frac{1}{2\pi j} \oint_C z^k \frac{dz}{z} \\
&= \frac{1}{2\pi j} \int_0^{2\pi} R^k e^{jk\theta} j\, d\theta = \frac{R^k}{2\pi} \int_0^{2\pi} e^{jk\theta}\, d\theta \\
&= \frac{R^k}{2\pi} \left[\frac{e^{j\theta k}}{jk} \right]_0^{2\pi} = 0 \\
\therefore\ \frac{1}{2\pi j} \oint_C z^{k-1}\, dz &= \begin{cases} 1, & k = 0 \\ 0, & k \neq 0 \end{cases} \qquad \blacktriangleleft
\end{aligned}$$

両側 Z 変換は式 (5.16) で与えられた. これを再記すると,

$$X(z) = \sum_{n=-\infty}^{\infty} x(n) z^{-n}$$

　この式の両辺に z^{k-1} を掛けて, 原点を囲み $X(z)$ の収束領域内にある閉路 C に沿って積分を行うと, 次式となる.

$$\frac{1}{2\pi j} \oint_C X(z) z^{k-1}\, dz = \frac{1}{2\pi j} \oint_C \sum_{n=-\infty}^{\infty} x(n) z^{-n+k-1}\, dz \tag{5.34}$$

もし級数が収束するならば, 右辺の積分と累和の順序は交換できて,

$$\frac{1}{2\pi j} \oint_C X(z) z^{k-1}\, dz = \sum_{n=-\infty}^{\infty} x(n) \frac{1}{2\pi j} \oint_C z^{-n+k-1}\, dz \tag{5.35}$$

となるが, 式 (5.33) のコーシーの積分定理から,

$$\frac{1}{2\pi j} \oint_C X(z) z^{k-1}\, dz = x(k) \tag{5.36}$$

が成立し, 式 (5.32) を得る.

次に，$X(z)$ から $x(n)$ を求める逆 Z 変換の解法について考えよう．この解法には 3 つの方法がある．

(1) 留数定理による逆 Z 変換の解法

$X(z)$ が有理関数であれば，式 (5.32) の閉路積分は次の**留数定理** (residue theorem) を用いて簡単に求めることができる．すなわち，閉路 C の内部における $X(z)z^{n-1}$ の極の留数を $R_k(k = 1, 2, \cdots\cdots, K)$ とすると，次式が成立する．

$$x(n) = \frac{1}{2\pi j} \oint_C X(z)z^{n-1}\, dz = \sum_{k=1}^{K} R_k \tag{5.37}$$

ここで，K はすべての留数の個数である．もし $X(z)z^{n-1}$ が z の有理関数であれば，次式のように表すことができる．

$$X(z)z^{n-1} = \frac{\psi(z)}{(z - z_0)^m} \tag{5.38}$$

ここで $X(z)z^{n-1}$ は $z = z_0$ に m 重の極をもち，$\psi(z)$ は $z = z_0$ に極をもたない．このとき $z = z_0$ における $X(z)z^{n-1}$ の留数は，次式から求められる．

$$\mathrm{Res}\,[X(z)z^{n-1},\, z = z_0] = \frac{1}{(m-1)!}\left[\frac{d^{m-1}}{dz^{m-1}}\psi(z)\right]_{z=z_0} \tag{5.39}$$

特に $m = 1$ のとき，すなわち $X(z)z^{n-1}$ が $z = z_0$ に 1 重の極をもてば，

$$\mathrm{Res}\,[X(z)z^{n-1},\, z = z_0] = \psi(z_0) \tag{5.40}$$

によって求めることができる．

【例題 5.5】 留数定理を用いて次の $X(z)$ の逆 Z 変換を求めよ．

$$X(z) = \frac{z}{3z^2 - 4z + 1}$$

【解答】

$$X(z) = \frac{z}{3z^2 - 4z + 1} = \frac{z}{(z-1)(3z-1)}$$

$$X(z)z^{n-1} = \frac{z^n}{(z-1)(3z-1)} = \frac{z^n}{3(z-1)(z-1/3)}$$

$$\mathrm{Res}\,[X(z)z^{n-1},\, z = 1] = \left.\frac{z^n}{3(z-1/3)}\right|_{z=1} = \frac{1}{2}$$

$$\text{Res}\left[X(z)z^{n-1},\ z=1/3\right] = \left.\frac{z^n}{3(z-1)}\right|_{z=1/3} = -\frac{1}{2}\left(\frac{1}{3}\right)^n$$

$$\therefore\ x(n) = \frac{1}{2}(1-3^{-n}) \quad \blacktriangleleft$$

逆 Z 変換の留数定理による解法のほか, べき級数法, 部分分数展開法によって求めることができる.

(2)　べき級数法

単純な連続除算を行うことによって, ZT の定義から $X(z)$ は次式のようにべき級数の形で表すことができる.

$$X(z) = a_0 + a_1 z^{-1} + a_2 z^{-2} + \cdots\cdots \tag{5.41}$$

一方, ZT の定義から次式が成立する.

$$X(z) = \sum_{n=0}^{\infty} x(n)z^{-n} = x(0) + x(1)z^{-1} + x(2)z^{-2} + \cdots\cdots \tag{5.42}$$

式 (5.41) と式 (5.42) を比較すれば, べき級数の係数 a_n と数列の値 $x(n)$ の間には 1 対 1 に対応していることがわかる. したがって $x(n)$ は, 次式から求めることができる.

$$x(n) = a_n,\ n \geqq 0 \tag{5.43}$$

【例題 5.6】　べき級数展開法を用いて次の $X(z)$ の逆 Z 変換を求めよ.

$$X(z) = \frac{4z^2 - z}{2z^2 - 2z + 1}$$

【解答】

$$
\begin{array}{r}
2 + 1.5z^{-1} + 0.5z^{-2} - 0.25z^{-3} - \cdots\cdots \\
2z^2 - 2z + 1\,\big)\,\overline{4z^2\quad - z\qquad\qquad\qquad\qquad} \\
\underline{4z^2 - 4z + 2\qquad\qquad\qquad} \\
3z - 2\qquad\qquad\qquad\qquad \\
\underline{3z - 3 + 1.5z^{-1}\qquad\qquad} \\
1 - 1.5z^{-1}\qquad\qquad\qquad \\
\underline{1\quad - z^{-1} + 0.5z^{-2}\qquad} \\
-0.5z^{-1} - 0.5z^{-2}\qquad\quad \\
\underline{-0.5z^{-1} + 0.5z^{-2} - 0.25z^{-3}} \\
-z^{-2} + 0.25z^{-3}
\end{array}
$$

$$\therefore \ X(z) = 2 + 1.5z^{-1} + 0.5z^{-2} - 0.25z^{-3} - \cdots\cdots$$
$$a_0 = 2, \ a_1 = 1.5, \ a_2 = 0.5, \ a_3 = -0.25, \cdots\cdots$$
$$\therefore \ x(0) = 2, \ x(1) = 1.5, \ x(2) = 0.5, \ x(3) = -0.25, \cdots\cdots \quad \blacktriangleleft$$

(3) 部分分数展開法

この方法はラプラス変換 $X(s)$ から $x(t)$ を求める方法とよく似ている. 以下の解法で示すように, $X(s)$ の代わりに $X(z)/z$ の部分分数展開を行う. ここで, 例題 5.5 と同じ $X(z)$, すなわち

$$X(z) = \frac{z}{3z^2 - 4z + 1}$$

の逆 Z 変換 $x(n)$ を求めてみよう. $X(z)/z$ の部分分数展開を求めると,

$$\frac{X(z)}{z} = \frac{1}{(z-1)(3z-1)} = \frac{A}{z-1} + \frac{B}{3z-1}$$

となる. 未定係数 A, B は次式となる.

$$A = (z-1)\frac{X(z)}{z}\bigg|_{z=1} = \frac{1}{2}$$
$$B = (3z-1)\frac{X(z)}{z}\bigg|_{z=1/3} = -\frac{3}{2}$$

すなわち,

$$X(z) = \frac{1}{2}\left(\frac{z}{z-1} - \frac{z}{z-1/3}\right)$$

が得られる. 各項の逆 Z 変換は**表 5.1** から,

$$\mathcal{Z}^{-1}\left(\frac{z}{z-1}\right) = 1, \quad \mathcal{Z}^{-1}\left(\frac{z}{z-1/3}\right) = \left(\frac{1}{3}\right)^n$$

したがって, 求める $x(n)$ は次式となり, 例題 5.5 と同じ結果が得られる.

$$x(n) = \frac{1}{2}\left(1 - 3^{-n}\right)$$

第5章　演習問題

【5.1】　式 (5.9) の正弦波数列で $2\pi/\Omega_0$ が整数または有理数のとき周期的となることを証明せよ.

【5.2】　次式の方形パルス列 $P_N(n)$ の ZT と収束領域を求めよ.

$$P_N(n) = \begin{cases} 1, & 0 \leqq n \leqq N-1 \\ 0, & \text{その他} \end{cases}$$

【5.3】　数列 $\sin(n\omega T)u(n)$ と $\cos(n\omega T)u(n)$ の ZT を求めよ.

【5.4】　式 (5.28) の指数数列の積の ZT 対を証明せよ.

【5.5】　$e^{-anT}\sin(n\omega T)u(n)$ と $e^{-anT}\cos(n\omega T)u(n)$ の ZT を求めよ.

【5.6】　数列 $x(n) = a^n u(n)$ の ZT $X(z)$ は式 (5.21) で与えられた. 留数定理を用いて $X(z)$ の逆 Z 変換が $x(n) = a^n u(n)$ となることを示せ.

【5.7】　留数定理を用いて次の $X(z)$

$$X(z) = \frac{1}{1-az^{-1}} + \frac{1}{1-bz^{-1}}, \quad |a| < |z| < |b|$$

の逆 Z 変換が $x(n) = a^n u(n) - b^n u(-n-1)$ となることを証明せよ.

【5.8】　次の $X(z)$ の逆 Z 変換を求めよ.

(1)　$X(z) = \dfrac{1}{z^2 - 1.5z + 0.5}$　　(2)　$X(z) = \dfrac{z^{-1}}{1 - 0.25z^{-1} - 0.375z^{-2}}$

(3)　$X(z) = \dfrac{z(z+1)}{(z-1)^2}$

【5.9】　次の $X(z)$ の逆 Z 変換をべき級数展開法から求めよ.

$$X(z) = \frac{4 - z^{-1}}{2 - 2z^{-1} + z^{-2}}$$

第6章 離散時間システム

6.1 線形時不変システムとインパルス応答

離散時間信号を入出力とするようなシステムを**離散時間システム** (discrete time system) といい，入力 $x(n)$ を加えたときの出力 $y(n)$ は $x(n)$ にある変換を施したものと考えることができる．この変換が線形であれば，線形演算子 $L\{\cdot\}$ を用いて

$$L\{x(n)\} = y(n) \tag{6.1}$$

と表し，**図 6.1** のように表示する．

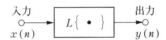

図 6.1 線形演算子

線形システムは連続時間システムで述べたと同様，重畳の理によって定義される．すなわち，入力に $x_1(n)$ と $x_2(n)$ を加えたときの出力をそれぞれ $y_1(n)$, $y_2(n)$ とすると，任意の定数 a_1, a_2 に対して，

$$L\{a_1 x_1(n) + a_2 x_2(n)\} = a_1 L\{x_1(n)\} + a_2 L\{x_2(n)\}$$
$$= a_1 y_1(n) + a_2 y_2(n) \tag{6.2}$$

が成立するシステムを**線形システム** (linear system) という．

入力 $x(n)$ に対する出力を $y(n)$ として，入力 $x(n-k)$ に対する出力が，

$$L\{x(n-k)\} = y(n-k) \tag{6.3}$$

を満たすシステムを**時不変**といい，線形性と時不変とをあわせもったシステムを**線形時不変** (Linear Time Invariant : LTI) **システム**という．

線形システムは**図 6.2**(a) に示すように，入力に単位インパルス $\delta(n)$ を加えたときの応答 $h(n)$ によって完全に記述することができる．すなわち，

$$L\{\delta(n)\} = h(n) \tag{6.4}$$

の関係を**単位インパルス応答** (unit impulse response) または単に**インパルス応答**といい, 図 (b) のように線形システムが時不変であれば, 次式が成立する.

$$L\{\delta(n-k)\} = h(n-k) \tag{6.5}$$

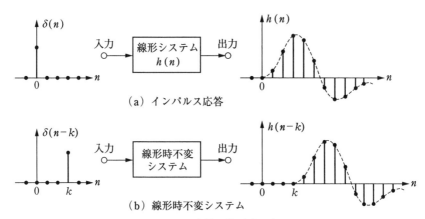

（a）インパルス応答

（b）線形時不変システム

図 6.2 インパルス応答と線形時不変システム

　有限な入力に対して応答 $y(n)$ も有限なとき, そのシステムは**安定** (stable) であるという. LTI システムが安定であるための必要十分条件は, インパルス応答 $h(n)$ が,

$$\sum_{n=-\infty}^{\infty} |h(n)| < \infty \tag{6.6}$$

を満たすことである. システムの応答 $y(m)$ が $n \leqq m$ の入力 $x(n)$ のみによって決まるとき, すなわち未来の入力に依存しないとき, そのシステムを**因果性** (causal) **システム**という. LTI システムが因果性であるための必要十分条件は, インパルス応答 $h(n)$ が次式を満たすことである.

$$h(n) = 0,\ n < 0 \tag{6.7}$$

6.2　離散畳込み和

　任意の離散時間信号 $x(n)$ は, 式 (5.7) で示したように単位インパルス列を用いて,

$$x(n) = \sum_{k=-\infty}^{\infty} x(k)\delta(n-k)$$

と表すことができた. 上式を入力とする応答 $y(n)$ は次式となる.

$$y(n) = L\left\{\sum_{k=-\infty}^{\infty} x(k)\delta(n-k)\right\} \tag{6.8}$$

ここで, 無限和に対しても線形性が成り立つものとすれば,

$$y(n) = \sum_{k=-\infty}^{\infty} x(k)L\{\delta(n-k)\} = \sum_{k=-\infty}^{\infty} x(k)h(n-k) \tag{6.9}$$

が成立する. 上式は連続時間システムにおける式 (3.13) の畳込み積分に対応し**離散畳込み和** (discrete convolution) と呼ばれていて, インパルス応答 $h(n)$ の線形システムに入力 $x(n)$ を加えたときの出力 $y(n)$ の関係を示す重要な式となっている.

システムが因果性で, しかも $x(n) = 0,\ n < 0$ であれば, 式 (6.9) は

$$y(n) = \sum_{k=0}^{n} x(k)h(n-k) \tag{6.10}$$

となる. なお連続系と同様に, 式 (6.9) を次式のように表すことができる.

$$y(n) = x(n) * h(n) = h(n) * x(n) \tag{6.11}$$

【**例題 6.1**】 式 (6.9) は次式のように表示できることを示せ.

$$y(n) = \sum_{k=-\infty}^{\infty} h(k)x(n-k) = h(n) * x(n) \tag{6.12}$$

また, システムが因果性で $x(n) = 0,\ n < 0$ のとき, 上式はどのようになるか.

【**解答**】 式 (6.9) で $n - k = k'$ とおけば, $k = -\infty$ で $k' = \infty$, $k = \infty$ で $k' = -\infty$ であるから,

$$y(n) = \sum_{k'=\infty}^{-\infty} x(n-k')h(k') = \sum_{k=-\infty}^{\infty} x(n-k)h(k) = h(n) * x(n)$$

システムが因果性で, $x(n) = 0,\ n < 0$ であれば

$$y(n) = \sum_{k=0}^{n} x(n-k)h(k) \qquad ◀$$

例題 6.1 より畳み込まれる 2 つの数列の順序は重要でないことがわかる. すなわち, 入力 $x(n)$ とインパルス応答 $h(n)$ の役割を交換させても, システムの出力 $y(n)$ は不変であるということである. ここで, **図 6.3**(b) に示すようにインパルス応答 $h(n)$ が

$$h(n) = \begin{cases} 0.5^n, & 0 \leqq n \leqq 3 \\ 0, & \text{その他} \end{cases} \tag{6.13}$$

のシステムに図 (a) の入力 $x(n) = u(n) - u(n-4)$ を加えたときの出力 $y(n)$ の畳込み和について考えてみよう. 最初にインパルス応答 $h(k)$ を折り返して $h(-k)$ を求める. 次に $h(-k)$ を n だけ推移させた $h(n-k)$ と $x(k)$ との積を求めてそれらをすべて加算すれば図 (d) の出力 $y(n)$ を求めることができる.

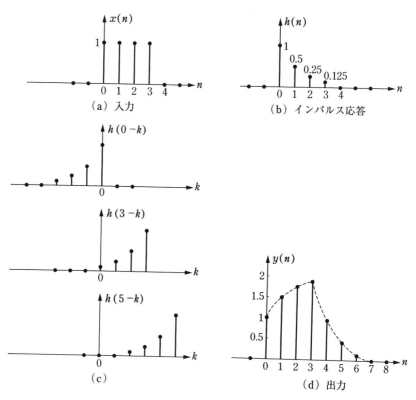

図 6.3 離散畳込み和の計算例

　$n < 0$ では $h(n-k)$ と $x(k)$ は重ならないから $y(n) = 0$ である. $n = 0$ のときはじめて $h(-k)$ と $x(k)$ は重なり $y(n) = 1$ が出力され, $n = 1$ で $y(n) = 1.5$, $n = 2$ で $y(n) = 1.75$, $n = 3$ で $y(n) = 1.875$ の最大値となる. その後出力は減少して $n = 4$ で $y(n) = 0.875$, $n = 7$ になると再び $h(n-k)$ と $x(k)$ は重ならなくなり $y(n) = 0$ が出力される. したがって, 出力 $y(n)$ の応答波形は図 (d) となる.

　2 つの LTI システムが縦続接続されたときの応答は, **図 6.4** に示すようにそれぞれのインパルス応答の畳込みの応答に等しい. 畳込まれる 2 つの数列の順序は重要でないから, 接続される順序に無関係となる. また, **図 6.5** に示すように 2 つの LTI システムが並列接続されたときの応答は, それぞれのインパルス応答の和に等しくなる.

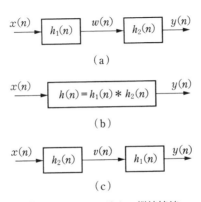

図 6.4 LTI システムの縦続接続

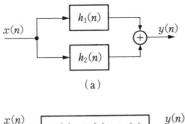

図 6.5 LTI システムの並列接続

6.3　伝達関数と差分方程式

LTI システムのインパルス応答を $h(n)$ として，入力 $x(n)$ を加えたときの応答 $y(n)$ は式 (6.9) の畳込み和によって与えられた．すなわち，

$$y(n) = \sum_{k=-\infty}^{\infty} x(k)h(n-k)$$

入出力とインパルス応答の ZT を $X(z)$, $Y(z)$ および $H(z)$ として両辺の ZT を求めると，

$$Y(z) = H(z)X(z) \tag{6.14}$$

が得られる．この関係はすでに **5.3** 節で述べたが，この $H(z)$ を離散時間システムの**伝達関数** (transfer function) という．連続系の場合と同様に，$H(z) = Y(z)/X(z)$ の関係から "伝達関数 $H(z)$ は入力 $x(n)$ と出力 $y(n)$ の Z 変換の比" で与えられることがわかる．さらに入力 $x(n)$ を単位インパルス数列 $\delta(n)$ とすれば，$H(z) = Y(z)$ が成立するから "インパルス応答 $h(n)$ の ZT が伝達関数" と考えてもよい．したがって，次式が成立する．

$$h(n) \Leftrightarrow H(z) \tag{6.15}$$

$$H(z) = \sum_{n=0}^{\infty} h(n)z^{-n} \tag{6.16}$$

【**例題 6.2**】　式 (6.9) の離散畳込み和の ZT は複素領域で積の関係，すなわち式 (6.14) となることを証明せよ．

【**解答**】
因果性の入力に対して，式 (6.9) の両辺の ZT を求めると，

$$Y(z) = \sum_{n=0}^{\infty} y(n)z^{-n} = \sum_{n=0}^{\infty} \left\{ \sum_{k=0}^{\infty} x(k)h(n-k) \right\} z^{-n}$$

$m = n - k$ とおいて総和の順序を交換すれば，

$$\sum_{n=0}^{\infty} \left\{ \sum_{k=0}^{\infty} x(k)h(n-k) \right\} z^{-n} = \sum_{k=0}^{\infty} x(k)z^{-k} \sum_{m=-k}^{\infty} h(m)z^{-m}$$

$m < 0$ で $h(m) = 0$ であるから，

$$上式 = \sum_{k=0}^{\infty} x(k)z^{-k} \sum_{m=0}^{\infty} h(m)z^{-m} = X(z)H(z)$$

$$\therefore\ y(n) = x(n) * h(n) \Leftrightarrow Y(z) = H(z)X(z) \quad \blacktriangleleft$$

　連続系の伝達関数は, システムを記述する微分方程式に LT を適用して求めることができた. 一方, 離散時間システムの伝達関数はシステムを記述する**差分方程式** (difference equation) に ZT を適用して求めることができる.

　一般に, 離散時間システムの差分方程式は次式によって表すことができる.

$$y(n) = \sum_{k=0}^{M} a_k x(n-k) - \sum_{k=1}^{N} b_k y(n-k) \tag{6.17}$$

　この差分方程式は, 現在の出力 $y(n)$ が現在の入力 $x(n)$ と過去 M 個の入力および過去 N 個の出力の線形結合で得られることを示している (問題 6.2 参照).

　初期条件はすべてゼロ, すなわち $y(n) = 0$, $n < 0$ として式 (5.27) の推移定理を適用すれば, 上式の差分方程式の伝達関数は次式となる.

$$H(z) = \frac{a_0 + a_1 z^{-1} + a_2 z^{-2} + \cdots\cdots + a_M z^{-M}}{1 + b_1 z^{-1} + b_2 z^{-2} + \cdots\cdots + b_N z^{-N}} \tag{6.18}$$

　ここで, 次の簡単な差分方程式を考えよう.

$$y(n) = x(n) + by(n-1) \tag{6.19}$$

推移定理を適用して両辺の ZT を求めると,

$$Y(z) - X(z) + bY(z)z^{-1} \tag{6.20}$$

伝達関数 $H(z)$ は $H(z) = Y(z)/X(z)$ の関係から,

$$H(z) = \frac{1}{1 - bz^{-1}} \tag{6.21}$$

したがって, インパルス応答は上式の逆 Z 変換を求めて次式となる (問題 6.1 参照).

$$h(n) = b^n u(n) \tag{6.22}$$

　すなわち, $|b| \geq 1$ であれば応答は発散するから不安定なシステムとなり, $|b| < 1$ であれば応答は収束して安定なシステムとなることがわかる. LTI システムが安定であるための必要十分条件は, 式 (6.6) からインパルス応答 $h(n)$ が絶対総和可能であった. この条件は, z 平面における伝達関数 $H(z)$ の極がすべて単位円内に存在することと等価である.

　図 6.6 は伝達関数 $H(z)$ の極配置に対するインパルス応答 $h(n)$ の関係を示している. もし, 極が単位円の内部に存在していれば, $n \to \infty$ につれてその応答はゼロに収束し, 単位円の外部に存在していれば, $n \to \infty$ につれてその応答は

発散することがわかる.

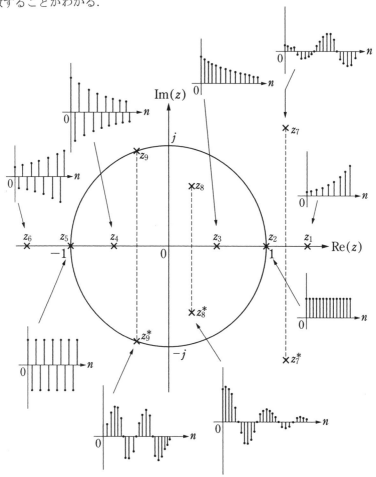

図 6.6 伝達関数の極配置とインパルス応答

　式 (6.22) のインパルス応答の整数 n に制限がないから応答は無限に継続することを意味している. このようなシステムを**無限インパルス応答** (infinite impulse response : IIR) **システム**という.

　次に, 次式で与えられる差分方程式を考える.

$$y(n) = a_0 x(n) + a_1 x(n-1) + a_2 x(n-2) \tag{6.23}$$

上式は式 (6.17) の b_k をすべてゼロとして, $M = 2$ に対応することに注意し

よう．伝達関数とインパルス応答は次式となる．

$$H(z) = a_0 + a_1 z^{-1} + a_2 z^{-2} \tag{6.24}$$

$$h(n) = a_0 \delta(n) + a_1 \delta(n-1) + a_2 \delta(n-2) \tag{6.25}$$

上式からインパルス応答は $h(0) = a_0$, $h(1) = a_1$, $h(2) = a_2$ となる．すなわちインパルス応答は有限で，差分方程式の係数そのものがインパルス応答になっていて，このようなシステムを**有限インパルス応答** (finite impulse response :FIR) **システム**という．なお式 (6.17) の右辺第 2 項がないとき，すなわち，すべての b_k がゼロのシステムを**非再帰型** (non recursive)，右辺第 2 項を 1 つでも含むシステムを**再帰型** (recursive) という．

【例題 6.3】　次の差分方程式は数値解析において 1 次の台形積分則として知られている．

$$y(n) = \frac{1}{2}\{x(n) + x(n-1)\} + y(n-1) \tag{6.26}$$

上式から，(a) 伝達関数，(b) 単位インパルス応答，(c) 単位ステップ数列を加えたときの応答をそれぞれ求めて，(b) と (c) を作図せよ．

【解答】　(a) 伝達関数：式 (6.26) の両辺の ZT を求めると，

$$Y(z) = \frac{1}{2}\left[X(z) + z^{-1}X(z)\right] + z^{-1}Y(z)$$

$$\therefore\ H(z) = \frac{Y(z)}{X(z)} = 0.5\frac{1 + z^{-1}}{1 - z^{-1}}$$

(b) 単位インパルス応答：

$$H(z)z^{n-1} = 0.5\frac{1 + z^{-1}}{1 - z^{-1}}z^{n-1} = 0.5\left(\frac{z+1}{z-1}\right)z^{n-1}$$

1)　$n = 0$ のとき，$H(z)z^{-1} = 0.5(z+1)/z(z-1)$

$z = 0$ と $z = 1$ に 2 つの極をもつから

$$h(0) = R_{z=0} + R_{z=1}$$

$$R_{z=0} = \text{Res}\left[\frac{0.5(z+1)}{z(z-1)},\ z = 0\right] = \frac{0.5(z+1)}{z-1}\bigg|_{z=0} = -0.5$$

$$R_{z=1} = \text{Res}\left[\frac{0.5(z+1)}{z(z-1)},\ z = 1\right] = \frac{0.5(z+1)}{z}\bigg|_{z=1} = 1$$

$$\therefore\ h(0) = 0.5 \tag{1}$$

2)　$n \geq 1$ のとき, $H(z)z^{n-1}$ は $z = 1$ に 1 つだけ極をもつから, $h(n) = R_{z=1}$

$$R_{z=1} = \text{Res}\left[\frac{0.5(z+1)z^{n-1}}{z-1}, \ z = 1\right] = 0.5(z+1)z^{n-1}\big|_{z=1} = 1$$

$\therefore h(n) = 1, \ n \geq 1$　　(2)

式 (1),(2) より **図 6.7**(b) の単位インパルス応答を得る.

(c)　単位ステップ応答 : 単位ステップ数列の ZT は式 (5.20) より,

$$X(z) = \frac{1}{1 - z^{-1}} = \frac{z}{z-1}$$

$$Y(z) = H(z)X(z) = 0.5\frac{z+1}{z-1} \cdot \frac{z}{z-1} = \frac{0.5(z^2 + z)}{(z-1)^2}$$

$$Y(z)z^{n-1} = 0.5\frac{z^{n+1} + z^n}{(z-1)^2}$$

$Y(z)z^{n-1}$ は $z = 1$ に 2 位の極をもつから, $y(n) = R_{z=1}$

$$R_{z=1} = \text{Res}\left[0.5\frac{z^{n+1} + z^n}{(z-1)^2}, \ z = 1\right]$$

$$= 0.5\frac{d}{dz}\left(z^{n+1} + z^n\right)\bigg|_{z=1} = 0.5(2n+1), \ n \geq 0$$

$\therefore y(0) = 0.5, \ y(1) = 1.5, \ y(2) = 2.5, \ y(3) = 3.5, \cdots\cdots$

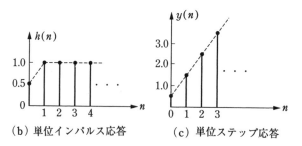

（b）単位インパルス応答　　　（c）単位ステップ応答

図 6.7　単位インパルス応答と単位ステップ応答

すなわち, 単位インパルス応答を積分したものであることがわかる. 図 (c) に単位ステップ応答を示す.　◀

6.4　離散時間システムの構成

システムを記述する式 (6.17) の差分方程式から明らかなように, 入力 $x(n)$ に対する出力 $y(n)$ の計算は積和演算を実行すればよい. 一般に離散時間システム

は**図6.8**に示す加算器,乗算器および単位時間の遅延器の3つを基本要素として
システムを構成することができる.ただし,実際には2進数のディジタル演算が
行われる.

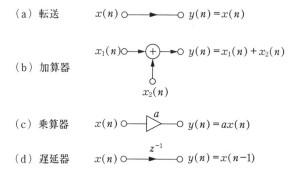

（a）転送　　　$x(n)$○──────○$y(n) = x(n)$

（b）加算器　　$x_1(n)$○─→(+)─○$y(n) = x_1(n) + x_2(n)$
　　　　　　　　　　　　　○
　　　　　　　　　　　$x_2(n)$

（c）乗算器　　$x(n)$○──▷──○$y(n) = ax(n)$
　　　　　　　　　　　a

（d）遅延器　　$x(n)$○──→──○$y(n) = x(n-1)$
　　　　　　　　　　　z^{-1}

図6.8 離散時間システムの基本要素

(1) **加算器**……2つの入力信号 $x_1(n)$, $x_2(n)$ に対して $y(n) = x_1(n) + x_2(n)$
　　　　　　あるいは $y(n) = x_1(n) - x_2(n)$ を出力する.
(2) **乗算器**……入力信号 $x(n)$ にある定数 a を乗じた信号 $y(n) = ax(n)$
　　　　　　を出力する.
(3) **遅延器**……入力信号 $x(n)$ に対して,単位時間の遅延を与えた信号
　　　　　　$y(n) = x(n-1)$ を出力する.単位時間遅延を z^{-1} で表す.

ここで式 (6.17) において $M = N = 1$ の場合,すなわち1次系のシステム構
成を考えてみよう.このときの差分方程式と伝達関数は,

$$y(n) = a_0 x(n) + a_1 x(n-1) - b_1 y(n-1) \tag{6.27}$$

$$H(z) = \frac{a_0 + a_1 z^{-1}}{1 + b_1 z^{-1}} \tag{6.28}$$

となる.差分方程式から図6.8の基本要素の図記号を用いてシステム構成は**図
6.9**(a) のように表すことができる.ところが **6.2** 節で述べたように,図 (a) の
(Ⅰ) の部分と (Ⅱ) の部分を入れ換えても入出力関係は変わらないという性質が
あるから,図 (b) のように表すことができる.さらに, (Ⅱ) の部分と (Ⅰ) の部分
の間に遅延器が隣接しているからこれらを1つにまとめれば,遅延器を1つ省
略した図 (c) のシステム構成を得ることができる.

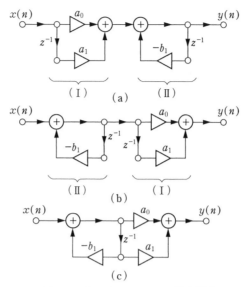

図 6.9　$M = N = 1$ のシステム構成

式 (6.18) の分母・分子の多項式を因数分解すれば, 1 次系と 2 次系の積の形でシステムを構成することができる. すなわち, 式 (6.18) の $H(z)$ は次式のように表すことができる.

$$H(z) = a_0 \cdot H_1(z) \cdot H_2(z) \cdots\cdots H_i(z) \tag{6.29}$$

ここで a_0 は定数, i は正の整数, 各々の $H_i(z)$ は 1 次または 2 次系の伝達関数である. 上式は**図 6.10** のように表すことができる. このような構成を**縦続接続**という.

また, 式 (6.18) は次式のように表すこともできる.

$$H(z) = c_0 + H_1'(z) + H_2'(z) + \cdots\cdots + H_j'(z) \tag{6.30}$$

ここで c_0 は定数, j は正の整数, 各々の $H_j'(z)$ は 1 次または 2 次系の伝達関数で**図 6.11** のように表すことができる. このような構成を**並列接続**という.

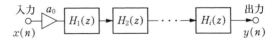

図 6.10　縦続接続

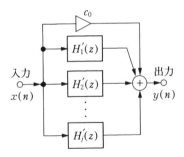

図 **6.11** 並列接続

1 次系の伝達関数 $H_1(z)$ と 2 次系の $H_2(z)$ を

$$\left.\begin{array}{l} H_1(z) = \dfrac{a_{10} + a_{11}z^{-1}}{1 + b_{11}z^{-1}} \\[3mm] H_2(z) = \dfrac{a_{20} + a_{21}z^{-1} + a_{22}z^{-2}}{1 + b_{21}z^{-1} + b_{22}z^{-2}} \end{array}\right\} \tag{6.31}$$

として図 **6.12** のように縦続接続すると, 3 次系のシステム構成となる. さらに 4 次系であれば 2 次系を 2 組, 5 次系であれば 1 次系と 2 組の 2 次系を縦続接続すればよい (問題 6.2 参照).

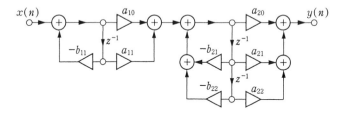

図 **6.12** 3 次系の縦続接続

6.5 システム関数と周波数特性

インパルス応答 $h(n)$ の LTI システムに入力 $x(n)$ として複素正弦波数列 $e^{jn\omega T}$ を加えたときの出力 $y(n)$ は, 式 (6.12) の離散畳込み和で計算することができる. すなわち, $y(n)$ は次式のように表すことができる.

$$y(n) = h(n) * e^{jn\omega T}$$

$$= \sum_{k=0}^{\infty} h(k)e^{j(n-k)\omega T} = \left[\sum_{k=0}^{\infty} h(k)e^{-jk\omega T}\right] e^{jn\omega T} \tag{6.32}$$

一方, 式 (6.16) からインパルス応答 $h(n)$ の ZT によりシステムの伝達関数が求められた. すなわち,

$$H(z) = \sum_{n=0}^{\infty} h(n)z^{-n}$$

上式で, $z = e^{j\omega T}$ とおけば式 (6.32) の [ ] 内の式に等しくなることがわかる. この [ ] 内の式を次式のように定義する.

$$H(e^{j\omega T}) = \sum_{n=0}^{\infty} h(n)e^{-jn\omega T} \tag{6.33}$$

上式の $H\left(e^{j\omega T}\right)$ を離散時間 LTI システムの**システム関数** (system function) といい, 連続時間システムにおける式 (3.44) の $H(\omega)$ に対応している. 式 (4.4) で因果性のサンプル値信号 $\{x(nT)\} = \{x(n)\}$ をインパルス応答 $h(n)$ に対応させれば, インパルス応答の FT がシステム関数 $H(e^{j\omega T})$ と考えられ, $H(e^{j\omega T})$ は周期 $\omega_s(= 2\pi/T)$ の周期関数となる. また, $|e^{j\omega T}| = 1$ であるから $h(n)$ の FT と z 平面の単位円上で計算された $h(n)$ の ZT とは等しく, 次式が成立する.

$$H(e^{j\omega T}) = H(z)\Big|_{z=e^{j\omega T}} \tag{6.34}$$

すなわち, 上式が成立するためには, $H(z)$ の収束領域内に単位円を含んでいなければならないことに注意しよう. ここで,

$$\omega T = \Omega \tag{6.35}$$

とおけば, 式 (6.33) のシステム関数は次式となる.

$$H\left(e^{j\Omega}\right) = \sum_{n=0}^{\infty} h(n)e^{-jn\Omega} \tag{6.36}$$

このとき, 角周波数 ω は [rad/s], Ω は [rad] の単位であるから Ω を**ラジアン周波数** (radian frequency) と呼ぶことがある. 式 (6.35) より,

$$\Omega = \omega T = \frac{2\pi f}{f_s} = 2\pi f_N \tag{6.37}$$

上式の $f_N(= f/f_s)$ を**正規化周波数** (normalized frequency) といい, 無次元の f_N に 2π を掛けたものがラジアン周波数 Ω で, $f = f_s/2$ であれば $\Omega = \pi$, $f_N = 0.5$ となる.

システム関数 $H\left(e^{j\Omega}\right)$ は周期 2π で Ω の周期関数であるから,

$$H(\Omega) = H\left(e^{j\Omega}\right) = H(z)\Big|_{z=e^{j\Omega}} \tag{6.38}$$

と表すことができて, 以後システム関数を $H(\Omega)$ と記述する. 一方, インパルス応答 $h(n)$ は次式から求めることができる.

$$h(n) = \frac{1}{2\pi} \int_{-\pi}^{\pi} H(\Omega)e^{jn\Omega}\,d\Omega \tag{6.39}$$

インパルス応答が因果性の指数数列 $h(n) = b^n u(n)$ の ZT は式 (5.21) より,

$$H(z) = \frac{1}{1 - bz^{-1}},\ |z| > |b|$$

$H(z)$ の収束領域は $|z| > |b|$ であるから, $|b| < 1$ であれば, 収束領域内に単位円を含む. したがって, $h(n)$ の FT は存在して, 次式を得る.

$$H(\Omega) = H(z)\Big|_{z=e^{j\Omega}} = \frac{1}{1 - be^{-j\Omega}} \tag{6.40}$$

このとき, $h(n)$ は絶対総和可能である. なお, 一般の離散時間信号 $x(n)$ のフーリエ変換については **7** 章で詳しく述べる.

式 (6.32) より, 入力が $e^{jn\Omega}$ の複素正弦数列のとき, 出力も同じ $e^{jn\Omega}$ の複素正弦数列 $H(\Omega)e^{jn\Omega}$ となるが, 入力と出力では一般に振幅と位相が異なり, その違いはシステム関数 $H(\Omega)$ の性質によって決まってくる.

一般に, システム関数 $H(\Omega)$ は複素数であるから連続系の $H(\omega)$ と同様, 次式のように表すことができる.

$$H(\Omega) = R(\Omega) + jI(\Omega) = |H(\Omega)|e^{j\angle H(\Omega)} \tag{6.41}$$

$$|H(\Omega)| = \sqrt{R^2(\Omega) + I^2(\Omega)} \tag{6.42}$$

$$\angle H(\Omega) = \tan^{-1}\frac{I(\Omega)}{R(\Omega)} \tag{6.43}$$

上式で, $|H(\Omega)|$ をシステム関数の**振幅応答** (amplitude response), $\angle H(\Omega)$ を**位相応答** (phase response) と呼び, 振幅応答と位相応答の両方をあわせて**周波数特性** (frequency characteristic) と呼んでいる.

ここで, インパルス応答が $h(n) = b^n u(n)$ のシステムの振幅応答と位相応答を求めてみよう. 式 (6.40) より,

$$H(\Omega) = \frac{1}{1 - be^{-j\Omega}} = \frac{1}{1 - b\cos\Omega + jb\sin\Omega}$$

したがって, 振幅応答 $|H(\Omega)|$ と位相応答 $\angle H(\Omega)$ は次式となり, **図 6.13** に周波数特性を示す.

$$|H(\Omega)| = \frac{1}{\sqrt{(1 - b\cos\Omega)^2 + (b\sin\Omega)^2}}$$

$$\angle H(\Omega) = \tan^{-1}\frac{-b\sin\Omega}{1 - b\cos\Omega} = -\tan^{-1}\frac{b\sin\Omega}{1 - b\cos\Omega}$$

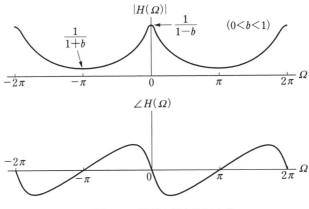

図 6.13　振幅応答と位相応答

【例題 6.4】　インパルス応答が**図 6.14** に示す方形パルス列, すなわち

$$h(n) = u(n) - u(n - N) \tag{6.44}$$

で与えられるシステムの振幅応答と位相応答を求めよ.

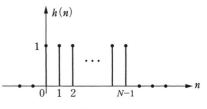

図 6.14　単位インパルス応答

【解答】 $h(n)$ の ZT を求めると,

$$H(z) = \sum_{n=0}^{N-1} [u(n) - u(n - N)]z^{-n}$$

$$= \sum_{n=0}^{N-1} (1)z^{-n} = \frac{1 - z^{-N}}{1 - z^{-1}}, \ |z| > 0$$

収束領域は $z = 0$ を除く全領域で, 単位円を含んでいるから, $H(\Omega)$ は式 (6.38) から

$$H(\Omega) = H(z)\Big|_{z=e^{j\Omega}} = \frac{1 - e^{-j\Omega N}}{1 - e^{-j\Omega}} = \frac{e^{-j\Omega N/2}\left(e^{j\Omega N/2} - e^{-j\Omega N/2}\right)}{e^{-j\Omega/2}\left(e^{j\Omega/2} - e^{-j\Omega/2}\right)}$$

$$= e^{-j\Omega(N-1)/2} \cdot \frac{\sin\left(\Omega N/2\right)}{\sin\left(\Omega/2\right)} \tag{6.45}$$

$N = 5$ のときの振幅応答と位相応答は次式となり, 周波数特性を**図 6.15** に示す.

$$\therefore \ |H(\Omega)| = \left|\frac{\sin(5\Omega/2)}{\sin(\Omega/2)}\right|, \ \angle H(\Omega) = \begin{cases} -2\Omega, & \dfrac{\sin(5\Omega/2)}{\sin(\Omega/2)} > 0 \\[3mm] -2\Omega \pm \pi, & \dfrac{\sin(5\Omega/2)}{\sin(\Omega/2)} < 0 \end{cases}$$

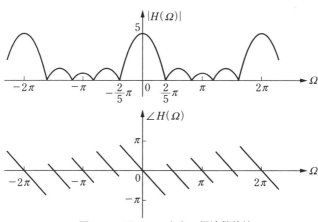

図 6.15 $N = 5$ のときの周波数特性 ◀

【例題 6.5】　図 6.16 に示す理想低域フィルタ

$$H_d(\Omega) = \begin{cases} 1, & |\Omega| < \Omega_c \\ 0, & \Omega_c < |\Omega| < \pi \end{cases} \qquad (6.46)$$

のインパルス応答 $h_d(n)$ を求めよ. また, $\Omega_c = \pi/4$ のときの $h_d(n)$ を作図せよ.

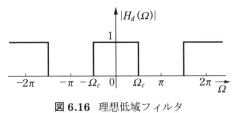

図 6.16　理想低域フィルタ

【解答】　式 (6.39) より,

$$h_d(n) = \frac{1}{2\pi} \int_{-\pi}^{\pi} H_d(\Omega) e^{j\Omega n}\, d\Omega = \frac{1}{2\pi} \int_{-\Omega_c}^{\Omega_c} e^{j\Omega n}\, d\Omega$$

$$= \frac{1}{2\pi} \cdot \frac{1}{jn} \left[e^{j\Omega n} \right]_{-\Omega_c}^{\Omega_c} = \frac{1}{2\pi} \cdot \frac{1}{jn} \left(e^{j\Omega_c n} - e^{-j\Omega_c n} \right)$$

$$= \frac{\sin \Omega_c n}{n\pi} \qquad (6.47)$$

$\Omega_c = \pi/4$ のとき

$$h_d(n) = \frac{\sin(n\pi/4)}{n\pi} = \frac{1}{4} \cdot \frac{\sin(n\pi/4)}{n\pi/4}$$

インパルス応答 $h_d(n)$ を図 6.17 に示す.

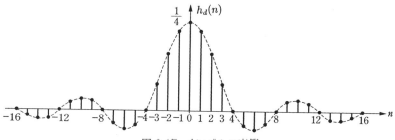

図 6.17　インパルス応答

第6章　演　習　問　題

【6.1】　式 (6.19) の差分方程式から直接計算して, 式 (6.22) のインパルス応答が得られることを示せ.

【6.2】　式 (6.17) で $M = N = 2$ のとき, すなわち 2 次系の差分方程式と伝達関数およびシステム構成を示せ.

【6.3】　次の差分方程式で表されるシステムの伝達関数 $H(z)$ とインパルス応答 $h(n)$ を求めよ.

　　(1)　$y(n) - y(n-1) + 0.24y(n-2) = x(n)$

　　(2)　$y(n) + 0.3y(n-1) - 0.4y(n-2) = x(n) + x(n-1)$

【6.4】　次の差分方程式で表されるシステムの伝達関数 $H(z)$ とインパルス応答 $h(n)$ および単位ステップ応答 $y(n)$ を求めよ.

$$y(n) - y(n-1) + 0.25y(n-2) = x(n) + 0.5x(n-1)$$

【6.5】　伝達関数が次式のときのシステム構成を示せ.

$$H(z) = \frac{0.7(z^2 - 0.36)}{z^2 + 0.1z - 0.72}$$

また, 1 次系のみの縦続接続と並列接続のシステム構成を示せ.

【6.6】　差分方程式が次式で与えられるシステムのインパルス応答および振幅応答と位相応答を求めて, 図示せよ.

　　(1)　$y(n) = x(n) + x(n-1)$

　　(2)　$y(n) = x(n) - x(n-1)$

第7章 離散フーリエ変換 (DFT)

7.1 離散フーリエ変換とは

4章で述べたように連続時間信号はある条件を満たせば,離散的なサンプル値信号で表現できることを示した.実際コンピュータやディジタルシステムなどで信号処理を行う場合,連続時間信号を取り扱うことは不可能で離散時間信号,すなわちディジタル信号のみが利用できる.また,信号のスペクトルの分析においても離散的な周波数における値で十分なことが多い.このように,離散時間信号と離散的周波数の関係を与えるのが離散フーリエ変換である.

図 7.1(a) は有限区間の連続時間信号 $x(t)$ とそのフーリエ変換 $X(\omega)$ を表していて,最高周波数は ω_M に帯域制限されているものとする.図 (b) に $x(t)$ を周期 T_p ごとに並べた周期関数 $x_p(t)$ とそのフーリエ係数のスペクトル $|c_n|$ を表している.図 (c) は $x(t)$ を周期 T で標本化したサンプル値信号 $x_s(t)$ とその周波数スペクトル $X_s(\omega)$ を表していて,このとき $X_s(\omega)$ は周期 $\omega_s = 2\pi/T$ の連続周期関数となり,この対応関係を**離散時間フーリエ変換** (Discrete Time Fourier Transform : **DTFT**) という.

ここで,周波数スペクトル $X_s(\omega)$ を間隔 $\Delta\Omega = 2\pi/N$ で標本化すると,時間領域では 図 (d) に示すようにサンプル値信号 $x_s(t)$ が周期 NT で繰り返す周期離散時間信号が対応する.すなわち,時間領域の離散時間信号も周波数領域の離散周波数スペクトルもともに周期的となる.したがって,図 (e) に示す基本周期区間のみの情報を知れば十分であり,この区間の対応が**離散フーリエ変換** (Discrete Fourier Transform : **DFT**) となる.

以上の説明から図 7.1 の時間領域と周波数領域の各対応関係,特に,DTFT と DFT との相違点を十分理解してほしい.

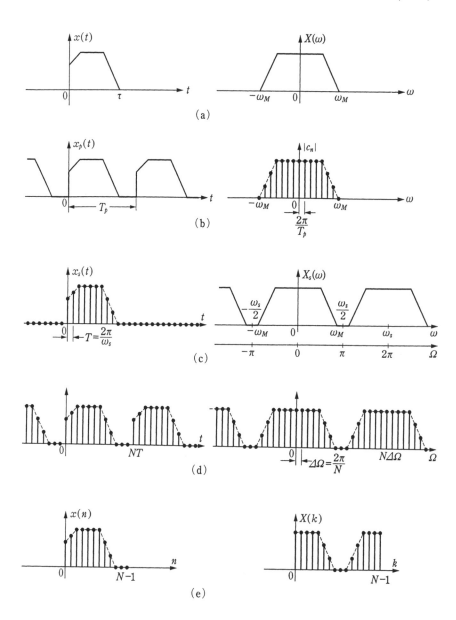

図 7.1 離散フーリエ変換の図式的解釈

7.2　離散時間フーリエ変換

　サンプル値信号 $x_s(t)$ は連続時間信号 $x(t)$ と単位インパルス列 $\delta_T(t)$ との積によって得られた. すなわち式 (4.2) より,

$$x_s(t) = \sum_{n=-\infty}^{\infty} x(nT)\delta(t - nT)$$

$x_s(t)$ のフーリエ変換 $X_s(\omega)$ は式 (4.4) で与えられた. これを再記すると,

$$X_s(\omega) = \sum_{n=-\infty}^{\infty} x(nT)e^{-jn\omega T}$$

ここで, $x(nT) = x(n)$, $\omega T = \Omega$ とおいて, 非因果性の離散時間信号 $x(n)$ のフーリエ変換 $X(\Omega)$ を次式で定義する.

$$X(\Omega) = \sum_{n=-\infty}^{\infty} x(n)e^{-jn\Omega} \tag{7.1}$$

上式を**離散時間フーリエ変換** (Discrete Time Fourier Transform : **DTFT**) といい, $X_s(\omega)$ が周期 $\omega_s(= 2\pi/T)$ の周期関数に対して, $X(\Omega)$ は周期 2π の周期関数となるから, その 1 周期の区間 $0 \leq \Omega \leq 2\pi$, あるいは $-\pi \leq \Omega \leq +\pi$ の情報がわかれば十分である.

　一方, $X(\Omega)$ から $x(n)$ は次式で求めることができる.

$$x(n) = \frac{1}{2\pi} \int_{-\pi}^{\pi} X(\Omega)e^{jn\Omega} \, d\Omega \tag{7.2}$$

上式を**逆離散時間フーリエ変換** (Inverse Discrete Time Fourier Transform : **IDTFT**), 式 (7.1) と式 (7.2) の関係を **DTFT 対**といい, 次のように表すことがある.

$$x(n) \Leftrightarrow X(\Omega) \tag{7.3}$$

　6.5 節でインパルス応答 $h(n)$ の FT と ZT の関係について述べたが, 非因果性の離散時間信号 $x(n)$ の ZT $X(z)$ と FT $X(\Omega)$ の関係についても同様に論じることができる. すなわち, $x(n)$ の Z 変換は式 (5.16) より,

$$X(z) = \sum_{n=-\infty}^{\infty} x(n)z^{-n}$$

もし, $X(z)$ の収束領域内に単位円を含んでいれば $x(n)$ の FT $X(\Omega)$ は存在して, 単位円上の $X(z)$ に等しくなる. すなわち, 次式が成立する.

$$X(\Omega) = X(z)\big|_{z=e^{j\Omega}} = X(e^{j\Omega}) \tag{7.4}$$

連続時間信号の場合と同様に, $X(\Omega)$ が存在するための十分条件は $x(n)$ が絶対総和可能, すなわち次式が成立するときである.

$$\sum_{n=-\infty}^{\infty} |x(n)| < \infty \tag{7.5}$$

もし, 絶対総和可能でなければ式 (7.4) を適用して $X(\Omega)$ を求めることができない. 例えば, 単位ステップ数列 $u(n)$ の ZT は, 次式で与えられた.

$$\mathcal{Z}[u(n)] = \frac{1}{1 - z^{-1}},\ |z| > 1$$

ところが, 収束領域内に単位円を含まないから式 (7.4) から $u(n)$ の FT を求めることはできない. また, 単位ステップ数列 $u(n)$ は絶対総和可能でないことに注意しよう.

単位インパルス数列を適用して $u(n)$ の FT は次式となる.

$$u(n) \Leftrightarrow \pi\delta(\Omega) + \frac{1}{1 - e^{-j\Omega}},\ |\Omega| \leq \pi \tag{7.6}$$

基本的ないくつかの信号の DTFT 対を**表 7.1** に示す.

表7.1 代表的な DTFT 対

$x(n)$	$X(\Omega)$
1. $\delta(n)$	1
2 $\delta(n - n_0)$	$e^{-jn_0\Omega}$
3. $x(n) = 1$	$2\pi\delta(\Omega) \quad (|\Omega| \leq \pi)$
4. $e^{jn\Omega_0}$	$2\pi\delta(\Omega - \Omega_0) \quad (|\Omega|, |\Omega_0| \leq \pi)$
5. $\cos n\Omega_0$	$\pi[\delta(\Omega - \Omega_0) + \delta(\Omega + \Omega_0)] \quad (|\Omega|, |\Omega_0| \leq \pi)$
6. $\sin n\Omega_0$	$-j\pi[\delta(\Omega - \Omega_0) - \delta(\Omega + \Omega_0)] \quad (|\Omega|, |\Omega_0| \leq \pi)$
7. $u(n)$	$\pi\delta(\Omega) + \dfrac{1}{1 - e^{-j\Omega}}, \quad |\Omega| \leq \pi$
8. $a^n u(n) \quad (|a| < 1)$	$\dfrac{1}{1 - ae^{-j\Omega}}$
9. $x(n) = \begin{cases} 1, & (|n| \leq N_1) \\ 0, & (|n| > N_1) \end{cases}$	$\dfrac{\sin\left[\Omega(N_1 + 1/2)\right]}{\sin(\Omega/2)}$
10. $\dfrac{\sin Wn}{\pi n} \quad (0 < W < \pi)$	$X(\Omega) = \begin{cases} 1, & (0 \leq |\Omega| \leq W) \\ 0, & (W < |\Omega| \leq \pi) \end{cases}$

（注）9.は問題 7.3，10.は例題 6.5 を参照.

【例題 7.1】　次の DTFT 対を証明せよ.

$$e^{jn\Omega_0} \Leftrightarrow 2\pi\delta(\Omega - \Omega_0) \tag{7.7}$$

【解答】
　$X(\Omega) = 2\pi\delta(\Omega - \Omega_0)$ とおいて，$X(\Omega)$ の IDTFT を求めると，

$$x(n) = \frac{1}{2\pi} \int_{-\pi}^{\pi} 2\pi\delta(\Omega - \Omega_0)e^{jn\Omega} \, d\Omega = e^{jn\Omega_0}$$

ゆえに，式 (7.7) の DTFT 対が成立する. 式 (7.7) において $\Omega_0 = 0$ とおくと，次の DTFT

対が得られる.

$$x(n) = 1 \Leftrightarrow 2\pi\delta(\Omega), \ (|\Omega| \leq \pi) \qquad \blacktriangleleft \tag{7.8}$$

【例題 7.2】 次の DTFT 対を証明せよ.

$$\cos(n\Omega_0) \Leftrightarrow \pi[\delta(\Omega - \Omega_0) + \delta(\Omega + \Omega_0)] \tag{7.9}$$

【解答】 オイラーの公式より

$$\cos(n\Omega_0) = \frac{1}{2}\left(e^{jn\Omega_0} + e^{-jn\Omega_0}\right)$$

式 (7.7) と 7.3 節で述べる線形性から

$$X(\Omega) = \pi[\delta(\Omega - \Omega_0) + \delta(\Omega + \Omega_0)], \ (|\Omega|, \ |\Omega_0| \leq \pi)$$

ゆえに, 式 (7.9) の DTFT 対を得る.　　　◀

同様にして次の DTFT 対を得る.

$$\sin(n\Omega_0) \Leftrightarrow -j\pi[\delta(\Omega - \Omega_0) - \delta(\Omega - \Omega_0)], \ (|\Omega|, \ |\Omega_0| \leq \pi) \tag{7.10}$$

なお, 表 7.1 の DTFT 対で 8 は式 (6.40), 10 は例題 6.5 ですでに示した.

7.3 離散時間フーリエ変換式の性質

離散時間フーリエ変換 DTFT も FT や LT および ZT と同様な性質をもっている.

(1) 線形性 (linearity)

$x_1(n) \Leftrightarrow X_1(\Omega)$, $x_2(n) \Leftrightarrow X_2(\Omega)$ のとき, 任意の定数 a_1, a_2 に対して次式が成立する.

$$a_1 x_1(n) + a_2 x_2(n) \Leftrightarrow a_1 X_1(\Omega) + a_2 X_2(\Omega) \tag{7.11}$$

(2) 時間シフト (time shift)

$x(n) \Leftrightarrow X(\Omega)$ のとき, 数列 $x(n - n_0)$ の DTFT は,

$$x(n - n_0) \Leftrightarrow e^{-jn_0\Omega}X(\Omega) \tag{7.12}$$

(問題 7.1 参照)

(3)　周波数シフト (frequency shift)

$x(n) \Leftrightarrow X(\Omega)$ のとき, $x(n)$ と $e^{j\Omega_0 n}$ との積の DTFT は,

$$e^{jn\Omega_0}x(n) \Leftrightarrow X(\Omega - \Omega_0) \tag{7.13}$$

(問題 7.2 参照)

(4)　時間反転 (time reversal)

$$x(-n) \Leftrightarrow X(-\Omega) \tag{7.14}$$

(問題 7.4 参照)

(5)　共役 (conjugation)

$$x^*(n) \Leftrightarrow X^*(-\Omega) \tag{7.15}$$

(問題 7.5 参照)

(6)　畳込み (convolution)

$$x_1(n) * x_2(n) \Leftrightarrow X_1(\Omega)X_2(\Omega) \tag{7.16}$$

(問題 7.6 参照)

(7)　積 (multiplication)

$$x_1(n)x_2(n) \Leftrightarrow \frac{1}{2}\pi X_1(\Omega) * X_2(\Omega) \tag{7.17}$$

7.4　離散フーリエ変換とその性質

式 (7.1) と式 (7.2) の離散時間フーリエ変換対をコンピュータでデータ処理を実行しようとすると, 以下の 2 点で不可能なことがわかる.

(1) 離散時間信号 $x(n)$ が $-\infty < n < +\infty$ の範囲に存在するので計算は不可能で, 有限の範囲の信号としなければならない.

(2) $X(\Omega)$ は周波数の変数 Ω の連続関数であるからコンピュータによる処理は不可能で, 離散化して計算する必要がある.

いま, 離散時間信号 $x(n)$ が任意の整数 n に対して $n < 0$, $n \geq N$ の範囲でゼロとなる有限の離散信号を考える. この信号 $x(n)$ の **離散フーリエ変換** (DFT) を $X(k)$ で表し, 次式で定義する.

$$X(k) = \sum_{n=0}^{N-1} x(n)e^{-j2\pi kn/N}, \quad (k = 0, 1, \cdots\cdots, N-1) \tag{7.18}$$

一方, $x(n)$ の DTFT $X(\Omega)$ は式 (7.1) より,

$$X(\Omega) = \sum_{n=-\infty}^{\infty} x(n)e^{-jn\Omega}$$

ところが, $n < 0$, $n \geqq N$ の範囲で $x(n) = 0$ であるから, 次式を得る.

$$X(\Omega) = \sum_{n=0}^{N-1} x(n)e^{-jn\Omega} \tag{7.19}$$

上式と式 (7.18) を比較すると, 次式が成立することがわかる.

$$X(k) = X(\Omega)\Big|_{\Omega=2\pi k/N} = X\left(\frac{2\pi k}{N}\right) \tag{7.20}$$

すなわち, 式 (7.18) の DFT $X(k)$ は, 整数 k に対して一定の周波数間隔 $\Omega = 2\pi k/N$ でサンプルされたときの値 $X(\Omega)$ に等しいことを示している.

一方, $X(k)$ から $x(n)$ への変換は,

$$x(n) = \frac{1}{N} \sum_{k=0}^{N-1} X(k)e^{j2\pi kn/N}, \quad (n = 0, 1, \cdots\cdots, N-1) \tag{7.21}$$

から求めることができる. 上式を**逆離散フーリエ変換 (IDFT)** といい, 式 (7.18) と式 (7.21) の変換対を次のように表すことがある.

$$x(n) \Leftrightarrow X(k) \tag{7.22}$$

【例題 7.3】　式 (7.18) を式 (7.21) に代入して, 左辺の $x(n)$ となることを証明せよ.

【解答】　式 (7.18) を式 (7.21) に代入すると,

$$x(n) = \frac{1}{N} \sum_{k=0}^{N-1} X(k)e^{j2\pi kn/N} = \frac{1}{N} \sum_{k=0}^{N-1} \left[\sum_{m=0}^{N-1} x(m)e^{-j2\pi km/N}\right] e^{j2\pi kn/N}$$

ここで混乱を避けるため式 (7.18) の n を m に置き換えている. m と k の和の順序を交換すると

$$x(n) = \frac{1}{N} \sum_{m=0}^{N-1} x(m) \sum_{k=0}^{N-1} e^{j(2\pi k/N)(n-m)}$$

公式

$$\sum_{k=0}^{N-1} a^k = \frac{1 - a^N}{1 - a}$$

を用いて,

$$a^k = \left[e^{j(2\pi/N)(n-m)} \right]^k$$

とおけば

$$\sum_{k=0}^{N-1} \left[e^{j(2\pi/N)(n-m)} \right]^k = \frac{1 - \left[e^{j(2\pi/N)(n-m)} \right]^N}{1 - e^{j(2\pi/N)(n-m)}} = \begin{cases} 0, & n \neq m \\ N, & n = m \end{cases}$$

が成立するから

$$x(n) = \frac{1}{N} \sum_{m=0}^{N-1} x(m) N \bigg|_{m=n} = x(n) \qquad \blacktriangleleft$$

ここで,

$$W_N = e^{-j\frac{2\pi}{N}} \tag{7.23}$$

を定義すればDFTの変換対は次式のように表すことができる.

$$X(k) = \sum_{n=0}^{N-1} x(n) W_N^{kn} \tag{7.24}$$

$$x(n) = \frac{1}{N} \sum_{k=0}^{N-1} X(k) W_N^{-kn} \tag{7.25}$$

DFT の $X(k)$ は離散変数の関数であり,IDFT の $X(\Omega)$ は連続変数の関数という違いはあるが,式 (7.20) の関係から両者には大変似通った性質をもっている.代表的な DFT の性質を以下に示す.

(1) 線形性 (linearity)

$x_1(n) \Leftrightarrow X_1(k)$, $x_2(n) \Leftrightarrow X_2(k)$ のとき,任意の定数 a_1, a_2 に対して次式が成立する.

$$a_1 x_1(n) + a_2 x_2(n) \Leftrightarrow a_1 X_1(\Omega) + a_2 X_2(\Omega) \tag{7.26}$$

(2) 循環推移 (circular shift)

まず,循環推移について説明する.**図 7.2**(a) に示す長さ N の信号 $x(n)$ を基本区間とする周期信号 $x_p(n)$ が図 (b) である.この $x_p(n)$ を m だけ右へ推移し

た信号 $x_p(n-m)$ を図 (c) に示す. この周期信号 $x_p(n-m)$ から基本区間部分を $P_N(n)$ によって切り出した次式の信号を長さ N の有限長信号 $x(n)$ の**循環推移**という.

$$x(n-m)_N = x_p(n-m)P_N(n) \tag{7.27}$$

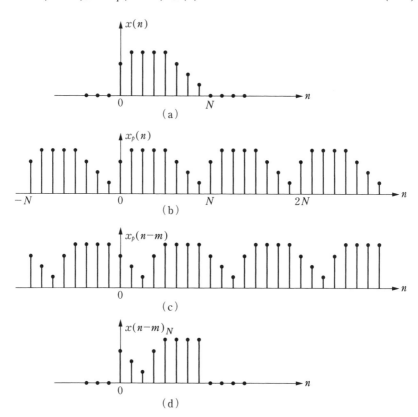

図 7.2 循環推移

このとき, 次式が成立する (問題 7.7 参照).

$$x(n-m)_N \Leftrightarrow X(k)W_N^{km} \tag{7.28}$$

また, 左へ推移したときの信号 $x(n+m)_N$ に対して,

$$x(n+m)_N \Leftrightarrow X(k)W_N^{-km} \tag{7.29}$$

が成立する. このように DFT は周期信号の基本区間に対して定義されているから, 信号 $x(n)$ の推移は周期信号の推移と考えなければならない.

(3)　周期性 (periodicity)

r を任意の整数として

$$X(k + rN) = X(k) \tag{7.30}$$

が成立し, $X(k)$ は周期 N の周期関数である.

(4)　時間反転 (time reversal)

図 7.3 に示すように離散時間信号 $x(0),\ x(1), \cdots\cdots, x(N-1)$ の時間軸を反転させた信号 $x(0),\ x(N-1),\ x(N-2), \cdots\cdots, x(1)$ を $\{x(-n)\}$, $n = 0, 1, 2, \cdots\cdots, N-1$ と表せば, $x(-n) = x(N-n)$ となる. このとき, 次式が成立する (問題 7.8 参照).

$$x(-n) \Leftrightarrow X(-k) \tag{7.31}$$

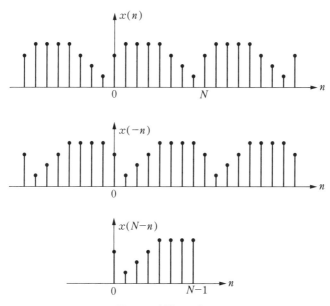

図 7.3 時間の反転

(5)　対称性 (symmetry)

信号 $x(n)$, $0 \leqq n \leqq N-1$ が実数であれば, 次式が成立する (問題 7.9 参照).

$$X^*(k) = X(-k) = X(N-k) \tag{7.32}$$

ただし, $*$ は複素共役を表す. 上式から, $X(k) = R(k) + jI(k)$ として以下の関係式を容易に導くことができる.

a)　$\mathrm{Re}[X(k)] = \mathrm{Re}[X(N-k)]$

b)　$\mathrm{Im}[X(k)] = -\mathrm{Im}[X(N-k)]$

c)　$R(-k) = R(k) : R(k)$ は偶関数

d)　$I(-k) = -I(k) : I(k)$ は奇関数   (7.33)

e)　$|X(k)| = |X(N-k)|$

f)　$\angle X(k) = -\angle X(N-k)$

式(7.33) e) の関係式から $|X(0)| = |X(N)|$, $|X(1)| = |X(N-1)|$, $|X(2)| = |X(N-2)|$, $\cdots\cdots$, $|X(N/2-1)| = |X(N/2+1)|$, $|X(N/2)| = |X(N/2)|$ が成立するから, 振幅スペクトルの大きさを問題とする場合には $k = 0$ から $N/2$ までの $X(k)$ の値を求めればよいことになる.

第7章　演　習　問　題

【**7.1**】　式 (7.12) の時間シフトの DTFT 対を証明せよ.

【**7.2**】　式 (7.13) の周波数シフトの DTFT 対を証明せよ.

【**7.3**】　次の DTFT 対, すなわち表 7.1 の 9. を証明せよ.

$$x(n) = \begin{cases} 1, & (|n| \leq N_1) \\ 0, & (|n| > N_1) \end{cases} \Leftrightarrow \frac{\sin[\Omega(N_1 + 1/2)]}{\sin(\Omega/2)}$$

【**7.4**】　式 (7.14) の時間反転の DTFT 対を証明せよ.

【**7.5**】　式 (7.15) の共役の DTFT 対を証明せよ.

【**7.6**】　式 (7.16) の畳込みの DTFT 対を証明せよ.

【**7.7**】　式 (7.28) の循環推移の DFT 対を証明せよ.

【**7.8**】　式 (7.31) の時間反転の DFT 対を証明せよ.

【**7.9**】　式 (7.32) の対称性を証明せよ.

第8章 高速フーリエ変換 (FFT)

8.1 高速フーリエ変換の原理

高速フーリエ変換 (Fast Fourier Transform：**FFT**) とは，式 (7.24) と式 (7.25) の複素指数関数 W^{kn} の対称性と周期性を巧みに利用して，DFT に要する膨大な計算量を大幅に減少させるアルゴリズムのことで，1965 年 Cooley と Tukey によって発見された．

式 (7.24) の DFT を再記すると，

$$X(k) = \sum_{n=0}^{N-1} x(n) W_N^{kn}, \quad 0 \leqq k \leqq N-1 \tag{8.1}$$

標本点数 N が 8 のとき，上式は次式のように表すことができる．

$$
\begin{bmatrix} X(0) \\ X(1) \\ X(2) \\ X(3) \\ X(4) \\ X(5) \\ X(6) \\ X(7) \end{bmatrix}
=
\begin{bmatrix}
W^0 & W^0 & W^0 & W^0 & W^0 & W^0 & W^0 & W^0 \\
W^0 & W^1 & W^2 & W^3 & W^4 & W^5 & W^6 & W^7 \\
W^0 & W^2 & W^4 & W^6 & W^8 & W^{10} & W^{12} & W^{14} \\
W^0 & W^3 & W^6 & W^9 & W^{12} & W^{15} & W^{18} & W^{21} \\
W^0 & W^4 & W^8 & W^{12} & W^{16} & W^{20} & W^{24} & W^{28} \\
W^0 & W^5 & W^{10} & W^{15} & W^{20} & W^{25} & W^{30} & W^{35} \\
W^0 & W^6 & W^{12} & W^{18} & W^{24} & W^{30} & W^{36} & W^{42} \\
W^0 & W^7 & W^{14} & W^{21} & W^{28} & W^{35} & W^{42} & W^{49}
\end{bmatrix}
\begin{bmatrix} x(0) \\ x(1) \\ x(2) \\ x(3) \\ x(4) \\ x(5) \\ x(6) \\ x(7) \end{bmatrix}
\tag{8.2}
$$

上式から $x(n)$ と $X(k)$ の標本点数が N のとき，DFT に要する演算は N^2 回の複素乗算と $N(N-1)$ の複素加算が必要なことがわかる．コンピュータを用いて DFT を計算するとき，演算時間の大部分は複素乗算に費やされるので，乗算回数を大きく削減できれば DFT の処理時間を大幅に短縮できることが期待される．Cooley と Tukey は式 (8.1) に含まれる乗算回数を $(N/2) \log_2 N$ です む FFT アルゴリズムを発見し，今日のディジタル信号処理の発展と実用化に大きく貢献した．**図 8.1** に示す DFT と FFT の乗算回数の比較から，いかに回数が激減できるかが理解できる．

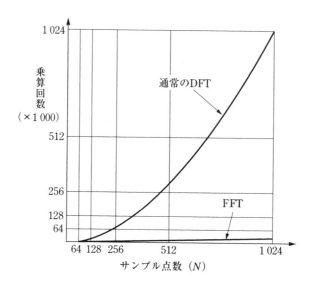

図 8.1 FFT と DFT の乗算回数の比較

FFT のアルゴリズムにはいろいろあるが, ここでは標本点数 N が,

$$N = 2^\ell \quad (\ell \text{は正整数}) \tag{8.3}$$

によって与えられる基本的な場合, 特に $N = 8(\ell : 3\text{ ビット})$ の場合についてその原理を考える.

まず, **図 8.2** に示すビット逆転操作によって得られた順序に従って式 (8.2) の $X(k)$ の行を入れ換える.

```
0        0 0 0        0 0 0        0
1        0 0 1        1 0 0        4
2        0 1 0        0 1 0        2
3   ①    0 1 1   ②   1 1 0   ③   6
4   →    1 0 0   →   0 0 1   →   1
5        1 0 1        1 0 1        5
6        1 1 0        0 1 1        3
7        1 1 1        1 1 1        7
```

図 8.2 $X(k)$ のビット逆転操作

すなわち, データ整数列 $k = 0, 1, 2, \cdots\cdots, N-1$ について

(1) k を ℓ ビットの 2 進数で表す.

(2) ビットの順序を逆転させる.

(3) 逆転させた 2 進数を 10 進数で表す.

以上の操作で得られた 10 進数の系列に従って $X(k)$ の行を入れ換えると次式が得られる.

$$
\begin{bmatrix} X(0) \\ X(4) \\ X(2) \\ X(6) \\ X(1) \\ X(5) \\ X(3) \\ X(7) \end{bmatrix} = \begin{bmatrix} W^0 & W^0 & W^0 & W^0 & W^0 & W^0 & W^0 & W^0 \\ W^0 & W^4 & W^8 & W^{12} & W^{16} & W^{20} & W^{24} & W^{28} \\ W^0 & W^2 & W^4 & W^6 & W^8 & W^{10} & W^{12} & W^{14} \\ W^0 & W^6 & W^{12} & W^{18} & W^{24} & W^{30} & W^{36} & W^{42} \\ W^0 & W^1 & W^2 & W^3 & W^4 & W^5 & W^6 & W^7 \\ W^0 & W^5 & W^{10} & W^{15} & W^{20} & W^{25} & W^{30} & W^{35} \\ W^0 & W^3 & W^6 & W^9 & W^{12} & W^{15} & W^{18} & W^{21} \\ W^0 & W^7 & W^{14} & W^{21} & W^{28} & W^{35} & W^{42} & W^{49} \end{bmatrix} \begin{bmatrix} x(0) \\ x(1) \\ x(2) \\ x(3) \\ x(4) \\ x(5) \\ x(6) \\ x(7) \end{bmatrix} \tag{8.4}
$$

この周波数データ $X(k)$ の入れ換えは後述するように**周波数間引き**と呼ばれていて, 上式の上半分の偶数データ $X(0) \sim X(6)$ は次式のように書くことができる.

$$
\begin{bmatrix} X(0) \\ X(4) \\ X(2) \\ X(6) \end{bmatrix} = \begin{bmatrix} W^0 & W^0 & W^0 & W^0 \\ W^0 & W^4 & W^8 & W^{12} \\ W^0 & W^2 & W^4 & W^6 \\ W^0 & W^6 & W^{12} & W^{18} \end{bmatrix} \begin{bmatrix} x(0) \\ x(1) \\ x(2) \\ x(3) \end{bmatrix} + \begin{bmatrix} W^0 & W^0 & W^0 & W^0 \\ W^{16} & W^{20} & W^{24} & W^{28} \\ W^8 & W^{10} & W^{12} & W^{14} \\ W^{24} & W^{30} & W^{36} & W^{42} \end{bmatrix} \begin{bmatrix} x(4) \\ x(5) \\ x(6) \\ x(7) \end{bmatrix} \tag{8.5}
$$

ところが, 複素指数関数 W^{kn} の性質から,

$$
\begin{bmatrix} W^0 & W^0 & W^0 & W^0 \\ W^{16} & W^{20} & W^{24} & W^{28} \\ W^8 & W^{10} & W^{12} & W^{14} \\ W^{24} & W^{30} & W^{36} & W^{42} \end{bmatrix} = \begin{bmatrix} W^0 & W^0 & W^0 & W^0 \\ W^0 & W^4 & W^8 & W^{12} \\ W^0 & W^2 & W^4 & W^6 \\ W^0 & W^6 & W^{12} & W^{18} \end{bmatrix} \tag{8.6}
$$

が成立し, 式 (8.5) 右辺の 2 つの 1 次変換行列は同じであることがわかる. すなわち, 式 (8.5) は次式となる (問題 8.1 参照).

$$
\begin{bmatrix} X(0) \\ X(4) \\ X(2) \\ X(6) \end{bmatrix} = \begin{bmatrix} W^0 & W^0 & W^0 & W^0 \\ W^0 & W^4 & W^8 & W^{12} \\ W^0 & W^2 & W^4 & W^6 \\ W^0 & W^6 & W^{12} & W^{18} \end{bmatrix} \begin{bmatrix} x(0) + x(4) \\ x(1) + x(5) \\ x(2) + x(6) \\ x(3) + x(7) \end{bmatrix} \tag{8.7}
$$

ここで, 複素指数関数 W は W_8 を意味する. この W には次式のような関係が成立する (問題 8.2 参照).

$$W_{N/2} = W_N^2 \tag{8.8}$$

この関係を用いれば, 式 (8.7) は単位行列を用いて次式のように表すことができる.

$$
\begin{bmatrix} X(0) \\ X(4) \\ X(2) \\ X(6) \end{bmatrix} =
\begin{bmatrix} W_4^0 & W_4^0 & W_4^0 & W_4^0 \\ W_4^0 & W_4^2 & W_4^4 & W_4^6 \\ W_4^0 & W_4^1 & W_4^2 & W_4^3 \\ W_4^0 & W_4^3 & W_4^6 & W_4^9 \end{bmatrix}
\begin{bmatrix} 1 & 0 & 0 & 0 \\ 0 & 1 & 0 & 0 \\ 0 & 0 & 1 & 0 \\ 0 & 0 & 0 & 1 \end{bmatrix}
\begin{bmatrix} x(0)+x(4) \\ x(1)+x(5) \\ x(2)+x(6) \\ x(3)+x(7) \end{bmatrix}
\tag{8.9}
$$

上式 W_4 の指数は式 (8.7) の 1 次変換行列 W の各指数を 2 で割ったもので, この 1 次変換行列は $N=4$ の周波数間引き形 FFT となっている. また, 最後の列ベクトルは次式で表すことができる.

$$
\begin{bmatrix} x(0)+x(4) \\ x(1)+x(5) \\ x(2)+x(6) \\ x(3)+x(7) \end{bmatrix} =
\begin{bmatrix} 1 & 0 & 0 & 0 & 1 & 0 & 0 & 0 \\ 0 & 1 & 0 & 0 & 0 & 1 & 0 & 0 \\ 0 & 0 & 1 & 0 & 0 & 0 & 1 & 0 \\ 0 & 0 & 0 & 1 & 0 & 0 & 0 & 1 \end{bmatrix}
\begin{bmatrix} x(0) \\ x(1) \\ x(2) \\ x(3) \\ x(4) \\ x(5) \\ x(6) \\ x(7) \end{bmatrix}
\tag{8.10}
$$

すなわち, 式 (8.7) は単位行列を用いて次式のように表すことができる.

$$
\begin{bmatrix} X(0) \\ X(4) \\ X(2) \\ X(6) \end{bmatrix} =
\begin{bmatrix} W^0 & W^0 & W^0 & W^0 \\ W^0 & W^4 & W^8 & W^{12} \\ W^0 & W^2 & W^4 & W^6 \\ W^0 & W^6 & W^{12} & W^{18} \end{bmatrix}
\begin{bmatrix} 1 & 0 & 0 & 0 \\ 0 & 1 & 0 & 0 \\ 0 & 0 & 1 & 0 \\ 0 & 0 & 0 & 1 \end{bmatrix}
\begin{bmatrix} 1 & 0 & 0 & 0 & 1 & 0 & 0 & 0 \\ 0 & 1 & 0 & 0 & 0 & 1 & 0 & 0 \\ 0 & 0 & 1 & 0 & 0 & 0 & 1 & 0 \\ 0 & 0 & 0 & 1 & 0 & 0 & 0 & 1 \end{bmatrix}
\begin{bmatrix} x(0) \\ x(1) \\ x(2) \\ x(3) \\ x(4) \\ x(5) \\ x(6) \\ x(7) \end{bmatrix}
\tag{8.11}
$$

一方, 式 (8.4) の下半分の奇数データ $X(1) \sim X(7)$ は次式のように書くこと

ができる.

$$
\begin{bmatrix} X(1) \\ X(5) \\ X(3) \\ X(7) \end{bmatrix} = \begin{bmatrix} W^0 & W^1 & W^2 & W^3 \\ W^0 & W^5 & W^{10} & W^{15} \\ W^0 & W^3 & W^6 & W^9 \\ W^0 & W^7 & W^{14} & W^{21} \end{bmatrix} \begin{bmatrix} x(0) \\ x(1) \\ x(2) \\ x(3) \end{bmatrix} + \begin{bmatrix} W^4 & W^5 & W^6 & W^7 \\ W^{20} & W^{25} & W^{30} & W^{35} \\ W^{12} & W^{15} & W^{18} & W^{21} \\ W^{28} & W^{35} & W^{42} & W^{49} \end{bmatrix} \begin{bmatrix} x(4) \\ x(5) \\ x(6) \\ x(7) \end{bmatrix}
\tag{8.12}
$$

ところが, 複素指数関数 W^{kn} の性質から,

$$
\begin{bmatrix} W^4 & W^5 & W^6 & W^7 \\ W^{20} & W^{25} & W^{30} & W^{35} \\ W^{12} & W^{15} & W^{18} & W^{21} \\ W^{28} & W^{35} & W^{42} & W^{49} \end{bmatrix} = - \begin{bmatrix} W^0 & W^1 & W^2 & W^3 \\ W^0 & W^5 & W^{10} & W^{15} \\ W^0 & W^3 & W^6 & W^9 \\ W^0 & W^7 & W^{14} & W^{21} \end{bmatrix}
\tag{8.13}
$$

が成立し, 式 (8.12) の右辺第2項の1次変換行列は第1項の変換行列の符号を変えたものに等しいから次式を得る (問題 8.3 参照).

$$
\begin{bmatrix} X(1) \\ X(5) \\ X(3) \\ X(7) \end{bmatrix} = \begin{bmatrix} W^0 & W^1 & W^2 & W^3 \\ W^0 & W^5 & W^{10} & W^{15} \\ W^0 & W^3 & W^6 & W^9 \\ W^0 & W^7 & W^{14} & W^{21} \end{bmatrix} \begin{bmatrix} x(0) - x(4) \\ x(1) - x(5) \\ x(2) - x(6) \\ x(3) - x(7) \end{bmatrix}
\tag{8.14}
$$

W の指数に着目して, さらに上式の1次変換行列は次式のように書き換えることができる.

$$
\begin{bmatrix} W^0 & W^1 & W^2 & W^3 \\ W^0 & W^5 & W^{10} & W^{15} \\ W^0 & W^3 & W^6 & W^9 \\ W^0 & W^7 & W^{14} & W^{21} \end{bmatrix} = \begin{bmatrix} W^0 & W^0 & W^0 & W^0 \\ W^0 & W^4 & W^8 & W^{12} \\ W^0 & W^2 & W^4 & W^6 \\ W^0 & W^6 & W^{12} & W^{18} \end{bmatrix} \begin{bmatrix} W^0 & 0 & 0 & 0 \\ 0 & W^1 & 0 & 0 \\ 0 & 0 & W^2 & 0 \\ 0 & 0 & 0 & W^3 \end{bmatrix}
\tag{8.15}
$$

したがって, 式 (8.14) は次式となる.

$$
\begin{bmatrix} X(1) \\ X(5) \\ X(3) \\ X(7) \end{bmatrix} = \begin{bmatrix} W^0 & W^0 & W^0 & W^0 \\ W^0 & W^4 & W^8 & W^{12} \\ W^0 & W^2 & W^4 & W^6 \\ W^0 & W^6 & W^{12} & W^{18} \end{bmatrix} \begin{bmatrix} W^0 & 0 & 0 & 0 \\ 0 & W^1 & 0 & 0 \\ 0 & 0 & W^2 & 0 \\ 0 & 0 & 0 & W^3 \end{bmatrix} \begin{bmatrix} x(0) - x(4) \\ x(1) - x(5) \\ x(2) - x(6) \\ x(3) - x(7) \end{bmatrix}
\tag{8.16}
$$

また, 式 (8.8) の関係から上式は次式のように表すことができる.

$$
\begin{bmatrix} X(1) \\ X(5) \\ X(3) \\ X(7) \end{bmatrix} = \begin{bmatrix} W_4^0 & W_4^0 & W_4^0 & W_4^0 \\ W_4^0 & W_4^2 & W_4^4 & W_4^6 \\ W_4^0 & W_4^1 & W_4^2 & W_4^3 \\ W_4^0 & W_4^3 & W_4^6 & W_4^9 \end{bmatrix} \begin{bmatrix} W^0 & 0 & 0 & 0 \\ 0 & W^1 & 0 & 0 \\ 0 & 0 & W^2 & 0 \\ 0 & 0 & 0 & W^3 \end{bmatrix} \begin{bmatrix} x(0) - x(4) \\ x(1) - x(5) \\ x(2) - x(6) \\ x(3) - x(7) \end{bmatrix}
$$

$$(8.17)$$

すなわち式 (8.9) と上式から, **図 8.3** に示す $N = 4$ の FFT 信号流れ図が得られる.

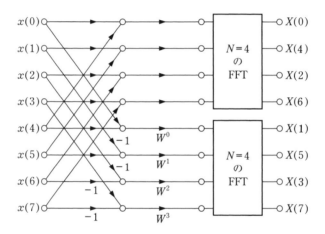

図 8.3　$N = 4$ の FFT 信号流れ図

同様に, 式 (8.16) 最後の列ベクトルは次式のように表すことができる.

$$
\begin{bmatrix} x(0) - x(4) \\ x(1) - x(5) \\ x(2) - x(6) \\ x(3) - x(7) \end{bmatrix} = \begin{bmatrix} 1 & 0 & 0 & 0 & -1 & 0 & 0 & 0 \\ 0 & 1 & 0 & 0 & 0 & -1 & 0 & 0 \\ 0 & 0 & 1 & 0 & 0 & 0 & -1 & 0 \\ 0 & 0 & 0 & 1 & 0 & 0 & 0 & -1 \end{bmatrix} \begin{bmatrix} x(0) \\ x(1) \\ x(2) \\ x(3) \\ x(4) \\ x(5) \\ x(6) \\ x(7) \end{bmatrix}
$$

$$(8.18)$$

したがって, 式 (8.16) は次式のように表すことができる.

$$
\begin{bmatrix} X(1) \\ X(5) \\ X(3) \\ X(7) \end{bmatrix} = \begin{bmatrix} W^0 & W^0 & W^0 & W^0 \\ W^0 & W^4 & W^8 & W^{12} \\ W^0 & W^2 & W^4 & W^6 \\ W^0 & W^6 & W^{12} & W^{18} \end{bmatrix} \begin{bmatrix} W^0 & 0 & 0 & 0 \\ 0 & W^1 & 0 & 0 \\ 0 & 0 & W^2 & 0 \\ 0 & 0 & 0 & W^3 \end{bmatrix} \begin{bmatrix} 1 & 0 & 0 & 0 & -1 & 0 & 0 & 0 \\ 0 & 1 & 0 & 0 & 0 & -1 & 0 & 0 \\ 0 & 0 & 1 & 0 & 0 & 0 & -1 & 0 \\ 0 & 0 & 0 & 1 & 0 & 0 & 0 & -1 \end{bmatrix} \begin{bmatrix} x(0) \\ x(1) \\ x(2) \\ x(3) \\ x(4) \\ x(5) \\ x(6) \\ x(7) \end{bmatrix}
$$

$$(8.19)$$

さらに, 式 (8.11) と式 (8.19) をまとめて表現すれば, 次式が得られる.

$$
\begin{bmatrix} X(0) \\ X(4) \\ X(2) \\ X(6) \\ X(1) \\ X(5) \\ X(3) \\ X(7) \end{bmatrix} = \begin{bmatrix} W^0 & W^0 & W^0 & W^0 & 0 & 0 & 0 & 0 \\ W^0 & W^4 & W^8 & W^{12} & 0 & 0 & 0 & 0 \\ W^0 & W^2 & W^4 & W^6 & 0 & 0 & 0 & 0 \\ W^0 & W^6 & W^{12} & W^{18} & 0 & 0 & 0 & 0 \\ 0 & 0 & 0 & 0 & W^0 & W^0 & W^0 & W^0 \\ 0 & 0 & 0 & 0 & W^0 & W^4 & W^8 & W^{12} \\ 0 & 0 & 0 & 0 & W^0 & W^2 & W^4 & W^6 \\ 0 & 0 & 0 & 0 & W^0 & W^6 & W^{12} & W^{18} \end{bmatrix} \begin{bmatrix} 1 & 0 & 0 & 0 & 0 & 0 & 0 & 0 \\ 0 & 1 & 0 & 0 & 0 & 0 & 0 & 0 \\ 0 & 0 & 1 & 0 & 0 & 0 & 0 & 0 \\ 0 & 0 & 0 & 1 & 0 & 0 & 0 & 0 \\ 0 & 0 & 0 & 0 & W^0 & 0 & 0 & 0 \\ 0 & 0 & 0 & 0 & 0 & W^1 & 0 & 0 \\ 0 & 0 & 0 & 0 & 0 & 0 & W^2 & 0 \\ 0 & 0 & 0 & 0 & 0 & 0 & 0 & W^3 \end{bmatrix}
$$

$$
\times \begin{bmatrix} 1 & 0 & 0 & 0 & 1 & 0 & 0 & 0 \\ 0 & 1 & 0 & 0 & 0 & 1 & 0 & 0 \\ 0 & 0 & 1 & 0 & 0 & 0 & 1 & 0 \\ 0 & 0 & 0 & 1 & 0 & 0 & 0 & 1 \\ 1 & 0 & 0 & 0 & -1 & 0 & 0 & 0 \\ 0 & 1 & 0 & 0 & 0 & -1 & 0 & 0 \\ 0 & 0 & 1 & 0 & 0 & 0 & -1 & 0 \\ 0 & 0 & 0 & 1 & 0 & 0 & 0 & -1 \end{bmatrix} \begin{bmatrix} x(0) \\ x(1) \\ x(2) \\ x(3) \\ x(4) \\ x(5) \\ x(6) \\ x(7) \end{bmatrix}
$$

$$(8.20)$$

ところが, 式 (8.11) と式 (8.19) の 1 次変換行列は次式のように書くことができる.

$$
\begin{bmatrix} W^0 & W^0 & W^0 & W^0 \\ W^0 & W^4 & W^8 & W^{12} \\ W^0 & W^2 & W^4 & W^6 \\ W^0 & W^6 & W^{12} & W^{18} \end{bmatrix} = \begin{bmatrix} W^0 & W^0 & W^0 & W^0 \\ W^0 & W^4 & W^0 & W^4 \\ W^0 & W^2 & -W^0 & -W^2 \\ W^0 & W^6 & -W^0 & -W^6 \end{bmatrix} = \begin{bmatrix} W^0 & W^0 & 0 & 0 \\ W^0 & W^4 & 0 & 0 \\ 0 & 0 & W^0 & W^0 \\ 0 & 0 & W^0 & W^4 \end{bmatrix} \begin{bmatrix} 1 & 0 & 1 & 0 \\ 0 & 1 & 0 & 1 \\ W^0 & 0 & -W^0 & 0 \\ 0 & W^2 & 0 & -W^2 \end{bmatrix}
$$

$$
= \begin{bmatrix} W^0 & W^0 & 0 & 0 \\ W^0 & W^4 & 0 & 0 \\ 0 & 0 & W^0 & W^0 \\ 0 & 0 & W^0 & W^4 \end{bmatrix} \begin{bmatrix} 1 & 0 & 0 & 0 \\ 0 & 1 & 0 & 0 \\ 0 & 0 & W^0 & 0 \\ 0 & 0 & 0 & W^2 \end{bmatrix} \begin{bmatrix} 1 & 0 & 1 & 0 \\ 0 & 1 & 0 & 1 \\ 1 & 0 & -1 & 0 \\ 0 & 1 & 0 & -1 \end{bmatrix} \tag{8.21}
$$

　　結局, 最終的な周波数間引き形 FFT の分解式は次式のようになり, この式の下側に付けられた (　) 内の番号は**図 8.4**(c) に示す $N = 8$ の場合の最終的な信号流れ図の番号と対応していることがわかる.

$$
\begin{bmatrix} X(0) \\ X(4) \\ X(2) \\ X(6) \\ X(1) \\ X(5) \\ X(3) \\ X(7) \end{bmatrix} = \begin{bmatrix} 1 & 1 & 0 & 0 & 0 & 0 & 0 & 0 \\ 1 & -1 & 0 & 0 & 0 & 0 & 0 & 0 \\ 0 & 0 & 1 & 1 & 0 & 0 & 0 & 0 \\ 0 & 0 & 1 & -1 & 0 & 0 & 0 & 0 \\ 0 & 0 & 0 & 0 & 1 & 1 & 0 & 0 \\ 0 & 0 & 0 & 0 & 1 & -1 & 0 & 0 \\ 0 & 0 & 0 & 0 & 0 & 0 & 1 & 1 \\ 0 & 0 & 0 & 0 & 0 & 0 & 1 & -1 \end{bmatrix} \begin{bmatrix} 1 & 0 & 0 & 0 & 0 & 0 & 0 & 0 \\ 0 & 1 & 0 & 0 & 0 & 0 & 0 & 0 \\ 0 & 0 & W^0 & 0 & 0 & 0 & 0 & 0 \\ 0 & 0 & 0 & W^2 & 0 & 0 & 0 & 0 \\ 0 & 0 & 0 & 0 & 1 & 0 & 0 & 0 \\ 0 & 0 & 0 & 0 & 0 & 1 & 0 & 0 \\ 0 & 0 & 0 & 0 & 0 & 0 & W^0 & 0 \\ 0 & 0 & 0 & 0 & 0 & 0 & 0 & W^2 \end{bmatrix}
$$
$$
\text{(5)} \qquad\qquad\qquad\qquad\qquad\qquad \text{(4)}
$$

$$
\times \begin{bmatrix} 1 & 0 & 1 & 0 & 0 & 0 & 0 & 0 \\ 0 & 1 & 0 & 1 & 0 & 0 & 0 & 0 \\ 1 & 0 & -1 & 0 & 0 & 0 & 0 & 0 \\ 0 & 1 & 0 & -1 & 0 & 0 & 0 & 0 \\ 0 & 0 & 0 & 0 & 1 & 0 & 1 & 0 \\ 0 & 0 & 0 & 0 & 0 & 1 & 0 & 1 \\ 0 & 0 & 0 & 0 & 1 & 0 & -1 & 0 \\ 0 & 0 & 0 & 0 & 0 & 1 & 0 & -1 \end{bmatrix} \begin{bmatrix} 1 & 0 & 0 & 0 & 0 & 0 & 0 & 0 \\ 0 & 1 & 0 & 0 & 0 & 0 & 0 & 0 \\ 0 & 0 & 1 & 0 & 0 & 0 & 0 & 0 \\ 0 & 0 & 0 & 1 & 0 & 0 & 0 & 0 \\ 0 & 0 & 0 & 0 & W^0 & 0 & 0 & 0 \\ 0 & 0 & 0 & 0 & 0 & W^1 & 0 & 0 \\ 0 & 0 & 0 & 0 & 0 & 0 & W^2 & 0 \\ 0 & 0 & 0 & 0 & 0 & 0 & 0 & W^3 \end{bmatrix}
$$
$$
\text{(3)} \qquad\qquad\qquad\qquad\qquad\qquad \text{(2)}
$$

$$
\times \begin{bmatrix} 1 & 0 & 0 & 0 & 1 & 0 & 0 & 0 \\ 0 & 1 & 0 & 0 & 0 & 1 & 0 & 0 \\ 0 & 0 & 1 & 0 & 0 & 0 & 1 & 0 \\ 0 & 0 & 0 & 1 & 0 & 0 & 0 & 1 \\ 1 & 0 & 0 & 0 & -1 & 0 & 0 & 0 \\ 0 & 1 & 0 & 0 & 0 & -1 & 0 & 0 \\ 0 & 0 & 1 & 0 & 0 & 0 & -1 & 0 \\ 0 & 0 & 0 & 1 & 0 & 0 & 0 & -1 \end{bmatrix} \begin{bmatrix} x(0) \\ x(1) \\ x(2) \\ x(3) \\ x(4) \\ x(5) \\ x(6) \\ x(7) \end{bmatrix} \tag{8.22}
$$
$$
\text{(1)}
$$

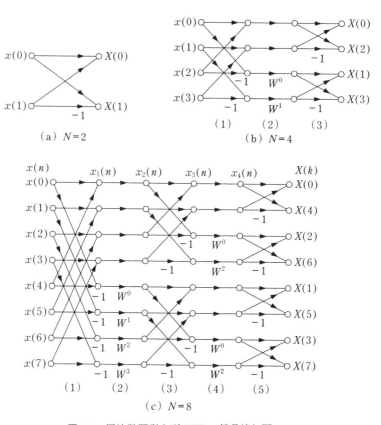

図 8.4 周波数間引き形 FFT の信号流れ図

また，**図 8.4**(a) (b) に示す $N=2$ と $N=4$ のときの最終的な分解式は，それぞれ次式のようになる．なお，図 (a) の信号流れ図が蝶の形をしていることから，**バタフライ** (butterfly) **演算**と呼ばれている．（問題 8.4 参照）

$$\begin{bmatrix} X(0) \\ X(1) \end{bmatrix} = \begin{bmatrix} 1 & 1 \\ 1 & -1 \end{bmatrix} \begin{bmatrix} x(0) \\ x(1) \end{bmatrix} \tag{8.23}$$

$$\begin{bmatrix} X(0) \\ X(2) \\ X(1) \\ X(3) \end{bmatrix} = \begin{bmatrix} 1 & 1 & 0 & 0 \\ 1 & -1 & 0 & 0 \\ 0 & 0 & 1 & 1 \\ 0 & 0 & 1 & -1 \end{bmatrix} \begin{bmatrix} 1 & 0 & 0 & 0 \\ 0 & 1 & 0 & 0 \\ 0 & 0 & W^0 & 0 \\ 0 & 0 & 0 & W^1 \end{bmatrix} \begin{bmatrix} 1 & 0 & 1 & 0 \\ 0 & 1 & 0 & 1 \\ 1 & 0 & -1 & 0 \\ 0 & 1 & 0 & -1 \end{bmatrix} \begin{bmatrix} x(0) \\ x(1) \\ x(2) \\ x(3) \end{bmatrix}$$
$$\qquad\qquad (3) \qquad\qquad\qquad (2) \qquad\qquad\qquad (1) \qquad\qquad\qquad\qquad (8.24)$$

8.2 周波数間引き形と時間間引き形 FFT

前節で述べたように, 周波数間引き形 FFT は式 (8.2) 左辺の周波数データの整数列を反転 10 進数列にして入れ換えを行い, 式 (8.4) のように変形した. さらに, バタフライ演算を表す行列と対角行列の交互の積となるようにして, 式 (8.22) の最終的な分解式を導いた.

式 (8.4) 左辺の列ベクトル前半は $X(k)$ の偶数データ, 後半は $X(k)$ の奇数データとなっていて, $X(k)$ は時間領域のデータ $x(n)$ から変換された周波数領域のデータであるから, この算法を**周波数間引き形** (decimation-in-frequency)**FFT**と呼んでいる.

一方, 反転 10 進数列による要素の入れ換え操作を $X(k)$ の代わりに式 (8.2) 右辺の時間データ $x(n)$ に対して行うアルゴリズムを**時間間引き形** (decimation-in-time)**FFT** と呼んでいる. $x(n)$ の入れ換え操作を行うことは, 式 (8.2) の変換行列の列に対して行われる. したがって, 次式を得る.

$$
\begin{bmatrix} X(0) \\ X(1) \\ X(2) \\ X(3) \\ X(4) \\ X(5) \\ X(6) \\ X(7) \end{bmatrix} = \begin{bmatrix} W^0 & W^0 & W^0 & W^0 & W^0 & W^0 & W^0 & W^0 \\ W^0 & W^4 & W^2 & W^6 & W^1 & W^5 & W^3 & W^7 \\ W^0 & W^8 & W^4 & W^{12} & W^2 & W^{10} & W^6 & W^{14} \\ W^0 & W^{12} & W^6 & W^{18} & W^3 & W^{15} & W^9 & W^{21} \\ W^0 & W^{16} & W^8 & W^{24} & W^4 & W^{20} & W^{12} & W^{28} \\ W^0 & W^{20} & W^{10} & W^{30} & W^5 & W^{25} & W^{15} & W^{35} \\ W^0 & W^{24} & W^{12} & W^{36} & W^6 & W^{30} & W^{18} & W^{42} \\ W^0 & W^{28} & W^{14} & W^{42} & W^7 & W^{35} & W^{21} & W^{49} \end{bmatrix} \begin{bmatrix} x(0) \\ x(4) \\ x(2) \\ x(6) \\ x(1) \\ x(5) \\ x(3) \\ x(7) \end{bmatrix} \quad (8.25)
$$

ところが, 式 (8.2) の変換行列は対称行列であるため, 時間間引き形 FFT の変換行列は, 周波数間引き形 FFT の変換行列の転置行列となる.

すなわち, 行列の積の転置は各行列の転置の逆の順番の積となること, 式 (8.22) の各行列はいずれも対称行列であることから, 時間間引き形 FFT は式 (8.22) の各行列を逆の順番に乗ずることによって得られることがわかる. したがって, $N = 8$ のときの時間間引き形 FFT の信号流れ図は, 図 8.4(c) の各区間を逆の順序に配列した**図 8.5** となり, 複素乗算回数および複素加算回数は周波数間引き形 FFT と全く等しくなる.

図 8.4(c) からも明らかなように, 周波数間引き形 FFT の出力は $\{X(0)\ X(4)\ X(2)\ X(6)\ X(1)\ X(5)\ X(3)\ X(7)\}$ のようにデータの整数列が反転 10 進数列となっている. この周波数データを正しく計算するためには, $\{X(0)\ X(1)\ X(2)\ X(3)\ X(4)\ X(5)\ X(6)\ X(7)\}$ のように並べ換えなければならない. この操作は簡単で, 図 8.2 に示した手順を逆に ③ → ② → ① とたどればよい. この操作を**ビットリバーサル** (bit-reversal) という.

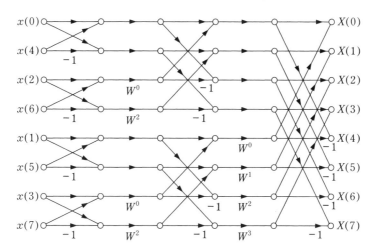

図 8.5 時間間引き型 FFT の信号流れ図

8.3 FFT と窓関数

FFT または DFT によって実際に周波数分析を行うとき 2, 3 注意する必要がある. まず第一に, 式 (2.26) のフーリエ変換の積分範囲が $-\infty \sim \infty$ であるのに対して, 式 (7.24) の DFT は離散的で有限の範囲 $0 \sim N - 1$ に限られ, しかもこの離散時間信号が周期的に繰り返すものとして計算される点である. 第二に, **4.3** 節で述べたエイリアシングの問題であるが, 分析の際にサンプリング周波数 f_s を適切に選び, あらかじめアナログ信号の段階でカットオフ周波数が $f_s/2$ のアンチエイリアスフィルタを設ければ, この問題は避けることができる. 第三は周波数スペクトル分析の精度である. 信号 $x(n)$ を実数データとして式 (7.24) のデータ数 N を 1024 点に選べば, そのスペクトル $|X(k)|$ も 1024 点の精度でしか分析できず, しかも $N/2 = 512$ 点以上のスペクトルは $N/2$ 以下のスペクトルと対称関係にあるから, 実際に必要なスペクトルは $N/2$ 以下の周波数データということになる.

ここで, 最初の注意点を単純な余弦波形について考えてみよう. **図 8.6**(a) の無限に続く余弦波のフーリエ変換は, 図 (b) に示すように単一の線スペクトルとなる. ところが, 無限に観測することは不可能であるから, 図 (a) に示すある有限区間だけ観測して離散時間信号に変換した後, FFT を実行すれば図 (b) と同様のスペクトルが得られ, フーリエ変換と FFT は完全に一致する. なぜなら, 図 (a) の観測区間を周期的に繰り返せば連続余弦波と一致するからである.

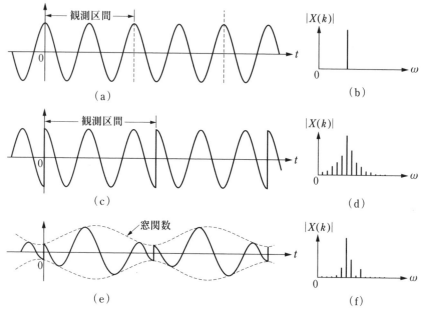

図 8.6 FFT と窓関数

　ところが観測区間を図 (c) のように取ると，その周期波形に不連続な部分が生じるので FFT を実行しても図 (b) の真のスペクトルと一致せず，図 (d) のようにスペクトルに広がりが生じてしまう．この不連続部分の影響をできるだけ抑えて真のスペクトルに近づける方法として，観測データにある重み関数を掛けて FFT を実行している．その結果スペクトルの広がりが抑えられ，図 (f) に示すようなスペクトルが得られる．この重み関数を**窓関数** (window function) といい，代表的な窓関数を**図 8.7** に示す．

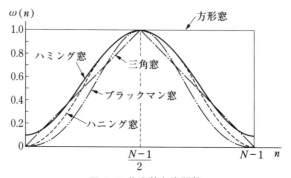

図 8.7 代表的な窓関数

8.4　FFTのプログラム

　C言語によるFFTのプログラムを次のページに示す. 関数FFT(x,y,l,f) は
8.1節で述べた周波数間引き形FFTの算法によるもので, 実数部データを x,
虚数部データを y, 2の乗数を l, FFTとIFFTを区別するフラグ f(FFT= 1,
IFFT= −1) を引数としている. $X(k)$ のIFFTは式 (7.25) , すなわち,

$$x(n) = \frac{1}{N} \sum_{k=0}^{N-1} X(k) W_n^{-kn}, \quad 0 \leq n \leq N-1$$

によって求めることができる. ところがFFTとの相違は, (1) 定数 $1/N$ が掛け
られていること, (2) W^{kn} の代わりに W^{-kn} となっていることのみである. した
がって, IFFT演算を実行するには式 (8.1) で W^{kn} を W^{-kn} , 時間データ $x(n)$
を $X(k)/N$, 周波数データ $X(k)$ を $x(n)$ に対応させればよいことがわかる. 図
8.3に示したバタフライ演算は220行から240行で行っていて, 実数演算でプ
ログラムを実行するため, 次式のように実数部と虚数部に分けて計算を行って
いる.

$$x(n_1) + x(n_2) = x_1 + jy_1 + x_2 + jy_2$$

$$= \{x_1 + x_2\} + j\{y_1 + y_2\} \tag{8.26}$$

$$\{x(n_1) - x(n_2)\} W_N^k = \{x_1 + jy_1 - x_2 - jy_2\} W_N^k$$

$$= \{x_1 + jy_1 - x_2 - jy_2\} \cdot \left\{ \cos\left(\frac{2\pi k}{N}\right) - j\sin\left(\frac{2\pi k}{N}\right) \right\}$$

$$= \{x_1 - x_2\} \cos\left(\frac{2\pi k}{N}\right) + \{y_1 - y_2\} \sin\left(\frac{2\pi k}{N}\right)$$

$$+ j\left[\{y_1 - y_2\} \cos\left(\frac{2\pi k}{N}\right) - \{x_1 - x_2\} \sin\left(\frac{2\pi k}{N}\right) \right] \tag{8.27}$$

FFT のプログラム

```
 10 :     /**** FFT ****/
 20 :     void fft(x,y,l,f)
 30 :     double *x,*y;
 40 :     int l,f;
 50 :     {
 60 :     int i,j,j1,j2,l1,l2,l3,l4,l5,n,k;
 70 :     double s,c,s1,t,tx,ty,arg;
 80 :
 90 :     n=(int)pow (2.0,(double)l);
100 :     l1=n;s1=2*M_PI/(double)n;
110 :
120 :     for(l5=0;l5<l;l5++)
130 :       {
140 :       l2=l1-1;l1/=2;
150 :       arg=0.0;
160 :        for(l3=0;l3<l1;l3++)
170 :          {
180 :               c=cos(arg);s=sin(arg);arg+=s1;
190 :               for(l4=l2;l4<n;l4+=(l2+1))
200 :                 {
210 :                  j1=l4-l2+l3; j2=j1+l1;
220 :                  tx=x[j1]-x[j2];ty=y[j1]-y[j2];
230 :                  x[j1]=x[j1]+x[j2];y[j1]=y[j1]+y[j2];
240 :                  x[j2]=c*tx+s*ty;y[j2]=c*ty-s*tx;
250 :                 }
260 :          }
270 :        s1*=2.0;
280 :       }
290 :     if(f<0)
300 :       {
310 :       for (i=0;i<n;i++)
320 :         {
330 :          x[i]/=(double)n;y[i]/=(double)n;
340 :         }
350 :       }
360 :
370 :     /****** ビットリバーサル ******/
380 :     j=0;
390 :     for(i=0;i<n-1;i++)
400 :       {
410 :       if(i<=j)
420 :         {
430 :         t=x[i]; x[i]=x[j]; x[j]=t;
440 :         t=y[i]; y[i]=y[j]; y[j]=t;
450 :         }
460 :       k=n/2;
470 :       while(k<=j)
480 :         {
490 :         j-=k;k/=2;
500 :         }
510 :       j+=k;
520 :       }
530 :     }
```

第 8 章　演　習　問　題

【8.1】 式 (8.6) が成立することを示せ.

【8.2】 式 (8.8) が成立することを示せ.

【8.3】 式 (8.13) が成立することを示せ.

【8.4】 $N = 4$ のときの周波数間引き形 FFT の最終的な分解式は式 (8.24) によって与えられる. この式から, 時間間引き形 FFT の最終的な分解式と信号流れ図を示せ.

【8.5】 時間データ $x(n) = \{1, 1, 0, 0\}$ のときの離散フーリエ変換を求めて, $|X(k)|$ を作図せよ.

第9章 FIR ディジタルフィルタの設計

9.1 ディジタルフィルタとは

ディジタル信号処理 (Digital Signal Processing) の適用分野の中で, **ディジタルフィルタ** (digital filters) は最も基本的かつ重要な処理技術で, あらゆる分野において中心的な役割を果たしている.

アナログフィルタは抵抗, コイル, コンデンサやトランジスタ, OP アンプなどを用いて希望とする周波数範囲の信号を伝送し, それ以外の信号を除去するのが目的であるが, ディジタルフィルタの場合も目的は全く同様である. ただし, ディジタルフィルタの場合には, **図 9.1** に示すようにアナログ信号をいったん A/D 変換器によりディジタル信号に変換した後, 2 進数のディジタル演算によって目的のフィルタ処理を行い, その結果を D/A 変換器を介して再びアナログ信号に戻すという操作が必要になる.

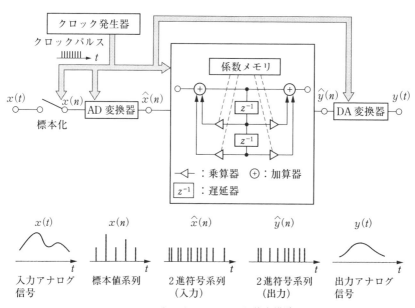

図 9.1 ディジタルフィルタ基本構造

このように, 一見面倒に思われるディジタルフィルタには, どのようなメリットがあるのだろうか？

一般に, ディジタルフィルタの長所として以下の点を挙げることができる.

① ディジタル演算によって計算が行われるので正確であり, 高精度で鋭い周波数選択性のフィルタが実現できてアナログフィルタでは避けられない回路のばらつき, 経年変化, 温度変化などの問題が全くない.

② メモリに蓄えられたフィルタ係数をソフト制御で変更することによって, 同一のハードウェアを用いていろいろなフィルタ特性をただちに実現することができる.

③ 演算速度に余裕があれば演算回路の時分割多重使用が可能で, 1 フィルタ当たりのコスト低減を図ることができる.

④ 回路接続の際のインピーダンス整合の問題がない.

一方, 短所として以下の点が考えられる.

① ディジタル演算に時間がかかるため, 高い周波数成分をもったアナログ信号をリアルタイムで処理することには限界がある.

② 入力と出力がアナログ信号のときは A/D 変換器と D/A 変換器が必要となる.

③ A/D 変換の際の量子化雑音と 2 進演算に伴うまるめの誤差は避けられない.

また, ディジタルフィルタの周波数特性に周期性があることも, アナログフィルタと大きく異なる点である.

9.2　ディジタルフィルタの種類

ディジタルフィルタもアナログフィルタと同様に**低域** (Low-Pass), **高域** (High-Pass), **帯域通過** (Band-Pass), および**帯域阻止** (Band-Stop) **フィルタ**の 4 種類に分類することができる. **図 9.2** はそれぞれのフィルタの周波数特性を理想化して示したもので, ω_c を**カットオフ周波数** (cut-off frequency) という. 以後, 各フィルタを LPF, HPF, BPF および BSF と表すことにする.

離散時間システムの入力に単位インパルス数列 $\delta(n)$ を加えたときの応答をインパルス応答といい, その Z 変換がシステムの伝達関数で, システムを記述する差分方程式に Z 変換を適用しても伝達関数は求められた.

インパルス応答が無限に継続する伝達関数を無限インパルス応答 (IIR) システム, 有限の場合の伝達関数を有限インパルス応答 (FIR) システムということはすでに述べたが, ディジタルフィルタの場合もこの 2 つのタイプに大別する

ことができる.

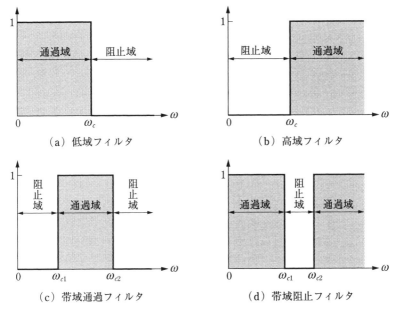

図 **9.2** フィルタ特性の分類

一般に, 離散時間システムの差分方程式は式 (6.17), その伝達関数は式 (6.18) で表すことができたが, **IIR ディジタルフィルタ**の差分方程式と伝達関数もまったく同様に次式で表すことができる.

$$y(n) = \sum_{k=0}^{M} a_k x(n-k) - \sum_{k=1}^{N} b_k y(n-k) \tag{9.1}$$

$$H(z) = \frac{a_0 + a_1 z^{-1} + a_2 z^{-2} + \cdots\cdots + a_M z^{-M}}{1 + b_1 z^{-1} + b_2 z^{-2} + \cdots\cdots + b_N z^{-N}} \tag{9.2}$$

一方, **FIR ディジタルフィルタ**の差分方程式と伝達関数は上式の b_k をすべてゼロとすればよい. 一般に, $a_k = h(k)$, $M = N-1$ として, 次式のように表している.

$$y(n) = \sum_{k=0}^{N-1} h(k) x(n-k) \tag{9.3}$$

$$H(z) = \sum_{k=0}^{N-1} h(k) z^{-k} \tag{9.4}$$

　ここで, 式 (9.2) の N の値を IIR フィルタの次数, 式 (9.4) の N の値を FIR フィルタの**次数**または**タップ数**といい, a_k, b_k と $h(n)$ を**フィルタ係数** (filter coefficient) という.

　6.2 節で述べたように, 式 (9.3) はインパルス応答 $h(n)$ と入力 $x(n)$ の畳込み演算, すなわち積和演算で出力 $y(n)$ が計算できることを示していて, FIR フィルタの係数 $h(n)$ の値そのものがインパルス応答に等しいことを思い起こそう. それぞれのフィルタ構成を**図 9.3** に示す.

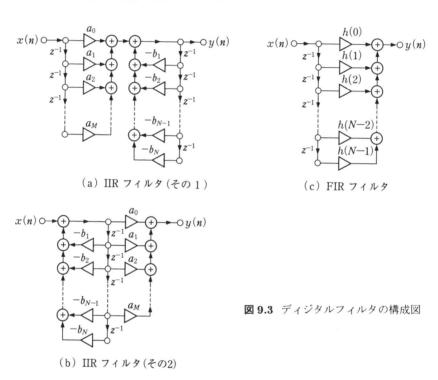

（a）IIR フィルタ（その1）

（c）FIR フィルタ

（b）IIR フィルタ（その2）

図 9.3 ディジタルフィルタの構成図

　この2つのタイプ, IIR と FIR フィルタの特徴を述べると以下のようになる.

　IIR フィルタには構造的に帰還ループをもっているので安定性に問題はあるが, 同じ設計仕様を満足する必要なフィルタの次数は FIR フィルタに比べて少なくてすむ.

　一方, FIR フィルタは帰還ループがないので安定性に全く問題がなく, 特に IIR フィルタに望めない**直線位相**の設計が可能という大きな特徴をもっている. このため, 波形情報の伝送用フィルタに適しており, 最近の CD・MD プレーヤには FIR 形のディジタルフィルタが必ず搭載されている.

9.3 直線位相 FIR フィルタの周波数特性

直線位相特性とは, システム (フィルタ) の位相特性が周波数 ω の 1 次関数になっていることをいう. いま, 図 **9.4**(a) に示す 3 つの正弦波を合成した波形

$$x(t) = \sin(\omega_0 t) + \sin(2\omega_0 t) + \sin(4\omega_0 t)$$

を図 (b) に示す. 横軸の時間目盛は $\omega_0 = 2\pi$ のときは [s], $\omega_0 = 2000\pi$ のときは [ms] で読み取ればよい.

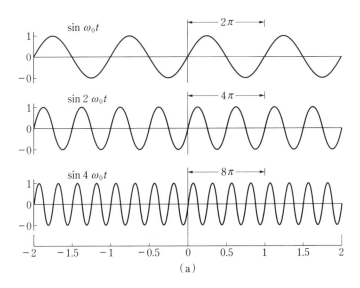

(a)

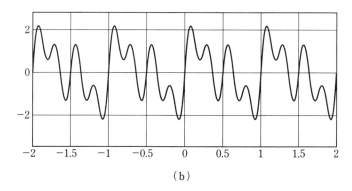

(b)

図 9.4 3 つの正弦波の合成波形

この合成波形を入力として, 直線位相特性が

$$\theta(\omega) = -0.5\omega$$

のシステムに加えたときの出力波形 $y(t)$ は, 便宜的に $|H(\omega)| = 1$ として,

$$y(t) = \sin[\omega_0(t - 0.5)] + \sin[2\omega_0(t - 0.5)] + \sin[4\omega_0(t - 0.5)]$$
$$= x(t - 0.5)$$

となる. すなわち, 単に入力合成波形を 0.5 だけ右に平行移動させただけであるから図 9.5(a) に示すように入力波形と同じで, このときの各正弦波の位相シフト量は図 (b) に示すように直線上にある.

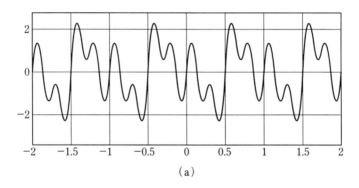

(a)

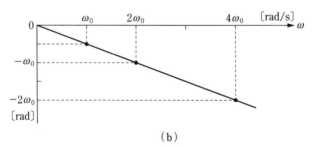

(b)

図 9.5 直線位相システム

ところが, $4\omega_0$ 成分の位相シフト量を直線位相特性からはずれて $1.2\omega_0$ とすると出力波形は

$$y(t) = \sin[\omega_0(t - 0.5)] + \sin[2\omega_0(t - 0.5)] + \sin[4\omega_0(t - 0.3)]$$

となり, **図 9.6**(a) に示すように入力波形とは全く異なったものになってしまう. すなわち, 位相ひずみを生じることがわかる.

式 (3.49) で示したように, アナログフィルタの伝達関数 $G(s)$ に $s \to j\omega$ と置き換えればシステム関数 $G(j\omega)$ が求められた. 同様に, 式 (6.38) から FIR フィルタの伝達関数 $H(z)$ で $z \to e^{j\Omega}$ と置き換えれば,

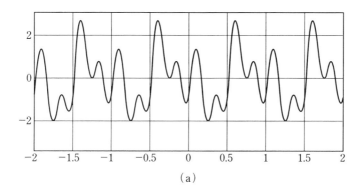

(a)

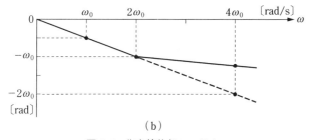

(b)

図 9.6 非直線位相システム

$$H(\Omega) = \sum_{n=0}^{N-1} h(n)e^{-jn\Omega} \tag{9.5}$$

が得られ, FIR フィルタのシステム関数 $H(\Omega)$ が求められる. 上式から FIR フィルタの周波数特性は有限インパルス応答 $h(n)$ の離散フーリエ変換によって求められることがわかる.

一般に, 周波数特性 $H(\Omega)$ は複素数であるから次式のように表すことができる.

$$H(\Omega) = |H(\Omega)|e^{j\angle H(\Omega)} \tag{9.6}$$

ここで $|H(\Omega)|$ を振幅応答, $\angle H(\Omega)$ を位相応答ということはすでに **6.5** 節で述べたが, インパルス応答 $h(n)$ が実数であれば振幅特性は Ω の偶関数, 位相特性は Ω の奇関数となる. すなわち, 次式が成立する (問題 **9.1** 参照).

$$\left.\begin{array}{l} |H(\Omega)| = |H(-\Omega)| \\ \angle H(\Omega) = -\angle H(-\Omega) \end{array}\right\} \tag{9.7}$$

ここで大切なことは, フィルタの周波数特性 $H(\Omega)$ が周期 2π で繰り返す Ω の周期関数になるということである. つまり, 離散的なインパルス応答をもつディジタルフィルタの周波数特性は図 9.7 に示すように周期的となる.

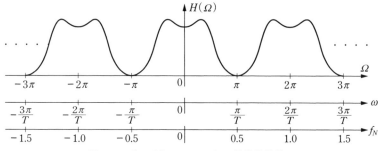

図 9.7　ディジタルフィルタの周波数特性

【例題 9.1】　直線位相 FIR フィルタの最も基本的な例として, 次式の移動平均フィルタ (moving average filter) がある.

$$\begin{aligned} y(n) &= \frac{1}{N} \sum_{k=0}^{N-1} x(n-k) \\ &= \frac{1}{N} \{ x(n) + x(n-1) + \cdots\cdots + x(n-N+1) \} \end{aligned} \tag{9.8}$$

$N = 3$ のときのフィルタの周波数特性 $H(\Omega)$ を求めて振幅応答と位相応答を作図せよ.

【解答】　$N = 3$ のとき

$$y(n) = \frac{1}{3} \{ x(n) + x(n-1) + x(n-2) \}$$

インパルス応答 $h(n)$ は

$$h(n) = \frac{1}{3} \{ \delta(n) + \delta(n-1) + \delta(n-2) \}$$

公式

$$\sum_{k=0}^{N-1} a^k = \frac{1-a^N}{1-a}$$

を用いて上式の DTFT を求めると,

$$H(\Omega) = \frac{1}{3} \cdot \left(1 + e^{-j\Omega} + e^{-j2\Omega}\right) = \frac{1}{3} \cdot \frac{1 - e^{-j3\Omega}}{1 - e^{-j\Omega}}$$

$$= \frac{1}{3} \cdot \frac{e^{-j3\Omega/2}\left(e^{j3\Omega/2} - e^{-j3\Omega/2}\right)}{e^{-j\Omega/2}\left(e^{j\Omega/2} - e^{-j\Omega/2}\right)}$$

$$= \frac{1}{3} \cdot e^{-j\Omega} \frac{\sin(3\Omega/2)}{\sin(\Omega/2)}$$

$$\therefore \ |H(\Omega)| = \frac{1}{3}\left|\frac{\sin(3\Omega/2)}{\sin(\Omega/2)}\right|, \quad \angle H(\Omega) = \begin{cases} -\Omega, & \dfrac{\sin(3\Omega/2)}{\sin(\Omega/2)} > 0 \\[2mm] -\Omega \pm \pi, & \dfrac{\sin(3\Omega/2)}{\sin(\Omega/2)} < 0 \end{cases}$$

周波数特性を**図 9.8** に示す. 同図より, 移動平均フィルタは直線位相の低域 FIR フィルタであることがわかる.

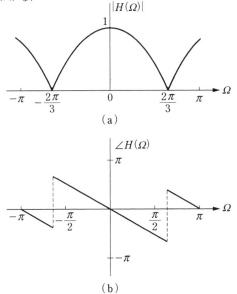

図 9.8 $N = 3$ のときの周波数特性 ◀

FIR フィルタの大きな特徴として, 直線位相特性の設計が可能なことはすでに述べたが, いまインパルス応答 $h(n)$ に,

$$h(n) = h(N - 1 - n) \tag{9.9}$$

$$h(n) = -h(N - 1 - n) \tag{9.10}$$

という対称性をもたせると, 直線位相特性の設計が可能になる. 式 (9.9) の対称性を**偶対称**といい, **図 9.9** に示すように N が偶数か奇数かによって 2 通りが考えられる. また, 式 (9.10) の対称性を**奇対称**といい, 同様に N が偶数か奇数かによって**図 9.10** に示す 2 通りが考えられる.

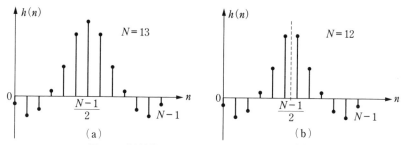

図 9.9　偶対称 FIR フィルタのインパルス応答

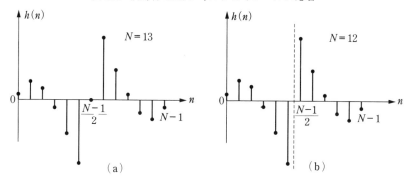

図 9.10　奇対称 FIR フィルタのインパルス応答

このうち, 偶対称で N が奇数のとき, すべてのタイプのフィルタの設計が可能である. ところが奇対称で N が奇数のとき BPF のみが, N が偶数のときは HPF と BPF のみが設計可能という制約がある. このため, ここではインパルス応答が偶対称の場合に限定する.

さて, 式 (9.9) の対称性を考慮して式 (9.4) を整理すると, 次式が得られる (問題 9.2 参照).

$$H(z) = \sum_{n=0}^{N/2-1} h(n) \left[z^{-n} + z^{-(N-1-n)} \right] \quad (N : 偶数) \tag{9.11}$$

$$H(z) = \sum_{n=0}^{N/2-1} h(n) \left[z^{-n} + z^{-(N-1-n)} \right] + h\left(\frac{N-1}{2} \right) z^{-(N-1)/2} \quad (N : 奇数) \tag{9.12}$$

直線位相となることは $z = e^{j\Omega}$ として式 (9.11) と式 (9.12) に代入すれば容易に確かめることができる. すなわち, 次式を得る (問題 9.3 参照).

$$H(\Omega) = e^{-j(N-1)\Omega/2} \sum_{n=0}^{N/2-1} 2h(n) \cos\left(\frac{N-1}{2} - n\right)\Omega \quad (N : 偶数) \tag{9.13}$$

$$H(\Omega) = e^{-j(N-1)\Omega/2} \left\{ h\left(\frac{N-1}{2}\right) + \sum_{n=0}^{(N-3)/2} 2h(n) \cos\left(\frac{N-1}{2} - n\right)\Omega \right\}$$
$$(N : 奇数) \tag{9.14}$$

上式から明らかなように振幅項と位相項が分離され, しかも位相特性が ω の1次関数となっていることがわかる. ここで, N が偶数で $\Omega = \pi$ のとき $H(\Omega) = 0$ となるため, HPF と BSF の設計は不可能であることに注意しよう.

【**例題 9.2**】　偶対称のインパルス応答で N が偶数のとき, $\Omega = \pi$ で $H(\Omega) = 0$ となることを証明せよ.

【**解答**】
　式 (9.13) で $n' = N/2 - n$ とおけば, $n = 0$ で $n' = N/2$, $n = N/2 - 1$ で $n' = 1$ であるから,

$$H(\Omega) = e^{-j(N-1)\Omega/2} \left\{ \sum_{n=0}^{N/2-1} 2h(n) \cos\left(\frac{N-1}{2} - n\right)\Omega \right\}$$

$$= e^{-j(N-1)\Omega/2} \left\{ \sum_{n=1}^{N/2} 2h\left(\frac{N}{2} - n\right) \cos\left(n - \frac{1}{2}\right)\Omega \right\}$$

ここで, $b(n) = 2h(N/2 - n)$ とおけば

$$H(\Omega) = e^{-j(N-1)\Omega/2} \left\{ \sum_{n=1}^{N/2} b(n) \cos\left(n - \frac{1}{2}\right)\Omega \right\}$$

$\Omega = \pi$ のとき, $\cos(n - 1/2)\pi = 0$ であるから $H(\Omega) = 0$ となる. ◀

9.4　FIR フィルタの設計

FIR フィルタの設計法として, フーリエ級数展開法で求めたインパルス応答に窓掛けを行う**窓関数法**が代表的である. そのほか交番定理を用いた **Remez ア ルゴリズム法**は大変有名であるが, ここでは割愛する.

例題 6.5 で示したように, 図 6.16 の理想低域フィルタのインパルス応答は,

$$h_d(n) = \frac{\Omega_c}{\pi} \cdot \frac{\sin n\Omega_c}{n\Omega_c} \tag{9.15}$$

によって与えられ, $\Omega_c = \pi/4$ のときのインパルス応答を作図した. 同様にして理想的な HPF, BPF および BSF のインパルス応答を求めることができて, その結果を表 9.1 に示す (問題 9.4 〜 9.6 参照).

表 9.1　理想的なフィルタのインパルス応答

フィルタのタイプ	$h_d(n),\ n \neq 0$	$h_d(0)$
LPF	$\dfrac{\Omega_c}{\pi} \cdot \dfrac{\sin n\Omega_c}{n\Omega_c}$	$\dfrac{\Omega_c}{\pi}$
HPF	$-\dfrac{\Omega_c}{\pi} \cdot \dfrac{\sin n\Omega_c}{n\Omega_c}$	$1 - \dfrac{\Omega_c}{\pi}$
BPF	$\dfrac{\Omega_{c2}}{\pi} \cdot \dfrac{\sin n\Omega_{c2}}{n\Omega_{c2}} - \dfrac{\Omega_{c1}}{\pi} \cdot \dfrac{\sin n\Omega_{c1}}{n\Omega_{c1}}$	$\dfrac{1}{\pi}\left(\Omega_{c2} - \Omega_{c1}\right)$
BSF	$\dfrac{\Omega_{c1}}{\pi} \cdot \dfrac{\sin n\Omega_{c1}}{n\Omega_{c1}} - \dfrac{\Omega_{c2}}{\pi} \cdot \dfrac{\sin n\Omega_{c2}}{n\Omega_{c2}}$	$1 - \dfrac{1}{\pi}\left(\Omega_{c2} - \Omega_{c1}\right)$

さて, 上式のインパルス応答係数を用いて低域の FIR フィルタを実現しようとすると, 以下の 2 点で不可能なことがわかる.

① インパルス応答が無限区間に存在しているので, 実現不可能である.

② インパルス応答が負の領域にも存在しているので, 因果性に反する.

このため, 図 9.11 に示すように無限系列 $h_d(n)$ のインパルス応答を適当な区間で打ち切って有限系列とした後, さらに因果性を満たすように一定量の遅延時間を与えた係数を用いれば実現が可能となる.

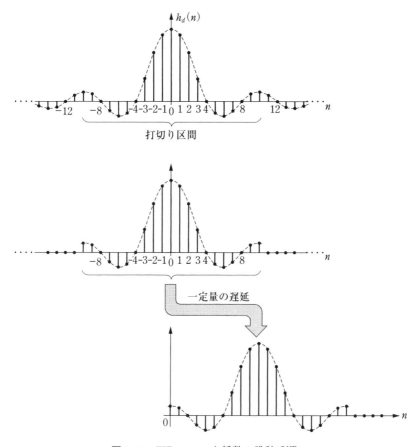

図 9.11 FIR フィルタ係数の設計手順

【窓関数】

　フーリエ級数の理論によれば, 不連続な部分をもつ**図 9.12**(a) の周期関数 $x(t)$ を有限のフーリエ係数 c_n を用いて合成すると, 図 (b) に示すように, もとの関数の不連続部分でかなりのリップルを生じてしまう. このことは, **ギブスの現象** (Gibbs's phenomenon) として知られている.

　フーリエ係数に対応している理想低域フィルタのインパルス応答係数が有限の場合も全く同様な現象が現れる. すなわち, 理想低域フィルタの周波数特性を有限のインパルス応答係数で近似しようとすると, やはりギブスの現象が現れフィルタの特性として好ましくない. そこで無限に続くインパルス応答を打ち切る際に, 適当な重み関数 $w(n)$ を掛けると不連続部分におけるリップルをかなり抑えることができる. この重み関数 $w(n)$ は図 8.7 と同様の窓関数が用いられ,

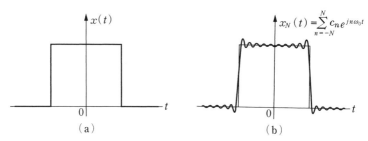

図 9.12 ギブスの現象

この設計法を**窓関数法** (window functions method) と呼んでいる. 代表的な窓関数の関数形を**表 9.2** に示す.

表 9.2　代表的な窓関数の関数形

名　　前	関　数　形
方 形 窓	$w(k) = 1 \quad (0 \leq k \leq M)$
ハニング窓 (Hanning)	$w(k) = \dfrac{1}{2}\left[1 - \cos\left(\dfrac{2\pi k}{M}\right)\right] \quad (0 \leq k \leq M)$
ハミング窓 (Hamming)	$w(k) = 0.54 - 0.46\cos\left(\dfrac{2\pi k}{M}\right) \quad (0 \leq k \leq M)$
ブラックマン窓 (Blackman)	$w(k) = 0.42 - 0.5\cos\left(\dfrac{2\pi k}{M}\right) + 0.08\cos\left(\dfrac{4\pi k}{M}\right) \quad (0 \leq k \leq M)$
カイザー窓 (Kaiser)	$w(k) = \dfrac{I_0\left[\alpha\sqrt{1 - (1 - 2k/M)^2}\right]}{I_0[\alpha]} \quad (0 \leq k \leq M,\ 4 < \alpha < 9)$ $I_0[\alpha] \simeq 1 + \displaystyle\sum_{\ell=1}^{L}\left(\dfrac{(\alpha/2)^\ell}{\ell!}\right)^2 \quad (L \text{ は } 15 \text{ 程度})$

(注) $I_0[\ \ ]$ は第一種零次のベッセル関数

　なお, 時間領域の積のフーリエ変換は周波数領域で畳込みの関係となるから, **図 9.13** において窓関数 $w(n)$ の離散フーリエ変換を $W(\Omega)$ とすれば, 窓関数法によって求められる周波数特性応答 $H(\Omega)$ は $H_d(\Omega)$ と $W(\Omega)$ の畳込みに等しくなることに注意しよう.

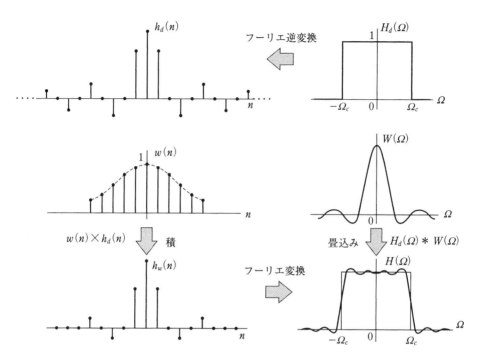

図 9.13 窓関数法による FIR フィルタの設計手順

　次に周波数軸上でフィルタ特性の標本値を与えておいて, 逆離散フーリエ変換からフィルタ係数を求める手順を説明する. 希望とする各フィルタの周波数特性の標本値は, **図 9.14** に示すように 0 から 2π までの 1 周期の範囲を N 等分して離散的な周波数について,

$$H(k) = \left| H\left(e^{j2\pi k/N}\right) \right|, \quad k = 0, 1, 2, \cdots\cdots, N-1 \tag{9.16}$$

としてフィルタの振幅特性を与える. このとき, π すなわち $N/2$ を中心にして対称にフィルタ特性の標本値を配置する.

　式 (9.16) で設定した周波数標本値からフィルタ係数, すなわちインパルス応答 $h(n)$ は次の逆離散フーリエ変換で求めることができる.

$$h(n) = \frac{1}{N} \sum_{k=0}^{N-1} H(k) e^{j2\pi kn/N}, \quad n = 0, 1, \cdots\cdots, N-1 \tag{9.17}$$

窓関数を $w(n)$ として，窓掛けを行った後のフィルタ係数 $h_w(n)$ は次式となる．

$$h_w(n) = w(n)h(n) \tag{9.18}$$

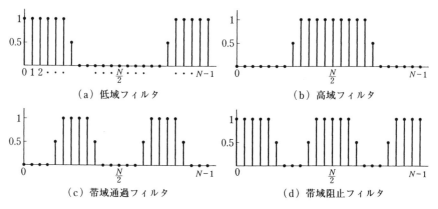

図 9.14　各フィルタの周波数特性の標本値

　式 (9.17) の逆離散フーリエ変換で周波数標本値の数を $N = 2^n$ に選べば，フィルタ係数 $h(n)$ は高速フーリエ変換のアルゴリズムで求めることができる．

　図 9.15 はカットオフ周波数 Ω_c が $\pi/2$ の LPF の設計仕様で，ハミング窓を用いてタップ数 N を変えたときの周波数特性を示している．

　また **図 9.16** はすべてタップ数 N を 101，窓関数をハミング窓として，図 (a) は Ω_c が 0.4π の LPF，図 (b) は Ω_c が 0.6π の HPF，図 (c) は通過域が 0.2π と 0.6π の BPF，図 (d) は遮断域が 0.2π と 0.6π の BSF の周波数特性をそれぞれ示している．

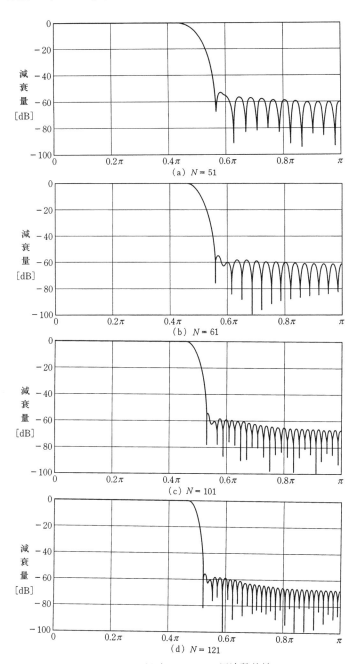

図 9.15 低域フィルタの周波数特性

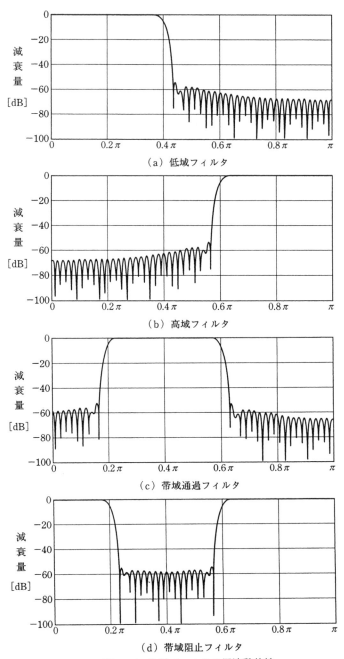

（a）低域フィルタ

（b）高域フィルタ

（c）帯域通過フィルタ

（d）帯域阻止フィルタ

図 9.16 各種フィルタの周波数特性

第 9 章　演 習 問 題

【9.1】　式 (9.7) が成立することを証明せよ.

【9.2】　$N = 8$ と $N = 9$ の場合について, 式 (9.11) と式 (9.12) が成立することを確かめよ.

【9.3】　式 (9.13) と式 (9.14) を誘導せよ.

【9.4】　表 9.1 の HPF のインパルス応答を誘導せよ.

【9.5】　表 9.1 の BPF のインパルス応答を誘導せよ.

【9.6】　表 9.1 の BSF のインパルス応答を誘導せよ.

第10章　IIRディジタルフィルタの設計

10.1　アナログフィルタの伝達関数

IIRディジタルフィルタの設計法は，これまでに確立されているアナログフィルタの設計理論を利用して，まず雛形となるアナログフィルタの伝達関数 $G(s)$ を設計する．その後何らかの変換法を利用して，ディジタルフィルタの伝達関数 $H(z)$ を求めるという方法が一般に取られている．したがって，まず最初にアナログフィルタの設計理論について簡単に触れておく．

代表的なアナログフィルタのタイプとして，バタワースフィルタとチェビシェフフィルタをあげることができる．そのほか，逆チェビシェフフィルタ，連立チェビシェフ (楕円) フィルタなどがあるが，ここでは割愛する．

【バタワースフィルタ】
バタワースフィルタの振幅特性は次式によって与えられる．

$$|G(j\omega)| = \frac{1}{\sqrt{1 + (\omega/\omega_c)^{2N}}} \tag{10.1}$$

図10.1に示すように上式の N を大きくとると図 (a) の理想低域フィルタの特性に近づくことがわかる．バタワースフィルタは $N-1$ 次までの導関数が $\omega = 0$ においてすべて 0 になることから，**最大平坦特性**として知られている．

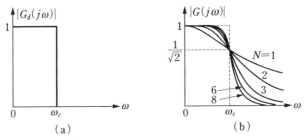

図 10.1 バタワースフィルタ

式 (10.1) より二乗振幅特性は，

$$|G(j\omega)|^2 = \frac{1}{1 + \varepsilon^2 (\omega/\omega_c)^{2N}} \tag{10.2}$$

によって与えられ, その特性を**図 10.2** に示す. 同図において,

$$|G(j\omega)|^2 \geqq \frac{1}{1 + \varepsilon^2} \tag{10.3}$$

の周波数範囲 ($\omega \leqq \omega_c$) を**通過域**といい,

$$|G(j\omega)|^2 \leqq \frac{1}{1 + \lambda^2} \tag{10.4}$$

の周波数範囲 ($\omega_r \leqq \omega$) を**遮断域**という. また, 通過域の上限 ω_c を**カットオフ周波数**, 下限 ω_r を**遮断周波数**, その間を**過渡域**という.

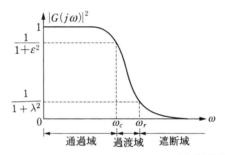

図 10.2　バタワースフィルタの二乗振幅特性

　一般に, アナログフィルタの周波数特性 $G(j\omega)$ は複素数で, その実数部が ω の偶関数, 虚数部が ω の奇関数であること, および $s = j\omega$ の関係を考慮すれば二乗振幅特性は次式で表すことができる (問題 10.1 参照).

$$|G(j\omega)|^2 = G(s)G(-s)\big|_{s=j\omega} \tag{10.5}$$

上式より, バタワースフィルタの伝達関数 $G(s)$ は次式の関係を満足する.

$$G(s)G(-s) = \frac{1}{1 + \varepsilon^2 (s/j\omega_c)^{2N}} \tag{10.6}$$

伝達関数 $G(s)$ を求めるには上式の分母をゼロにするような s の値, すなわち極を求める必要がある. したがって,

$$1 + \varepsilon^2 \left(\frac{s}{j\omega_c}\right)^{2N} = 0 \tag{10.7}$$

を s について解くと，極配置は次式によって求めることができる (問題 10.2 参照)．

$$s_k = \omega_c \varepsilon^{-1/N} e^{j(2k+N-1)\pi/2N}$$
$$= R(\cos\theta_k + j\sin\theta_k), \quad (k = 1, 2, \cdots\cdots, 2N) \tag{10.8}$$

ただし，$R = \omega_c \varepsilon^{-1/N}$，$\theta_k = \dfrac{2k+N-1}{2N}\pi$

すなわち，バタワースフィルタの極は半径 $\omega_c \varepsilon^{-1/N}$ の円周上に配置され，$N = 1$ から 4 までの極配置を**図 10.3** に示す．

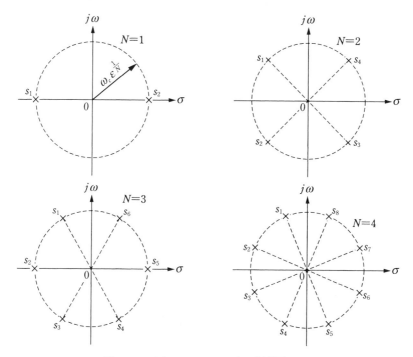

図 10.3 バタワースフィルタの極配置

同図より，$G(s)G(-s)$ の極は s_i と $-s_j$ とが対になって配置されていることがわかる．ところが安定なフィルタの伝達関数 $G(s)$ の極は全て s 平面の左半平面に存在しなければならないから，式 (10.8) の s_k は 1 から N までの極を考えればよい．この N の値がフィルタ次数となり，$N = 4$ と 5 のときの極配置を**図 10.4** に示す．

さて，設計仕様を満足するフィルタを設計するとき，図 10.2 に示す二乗振幅特性でカットオフ周波数 ω_c と遮断周波数 ω_r，およびそれぞれの周波数における

減衰レベルを決めて, このとき要求されるフィルタの次数 N をまず求めなけれ
ばならない.

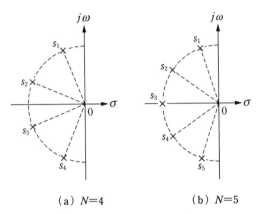

（a）$N=4$ 　　　　（b）$N=5$

図 10.4 左半平面の極配置

$\omega = \omega_r$ における $|G(j\omega)|^2$ は, 次式となる.

$$|G(j\omega)|^2 = \frac{1}{1 + \varepsilon^2 (\omega_r / \omega_c)^{2N}} = \frac{1}{1 + \lambda^2} \tag{10.9}$$

過渡域の幅が狭く遮断域の減衰が大きくなるようなフィルタの次数 N は次式
によって決定される (問題 10.3 参照).

$$N \geqq \frac{\log(\lambda / \varepsilon)}{\log(\omega_r / \omega_c)} \tag{10.10}$$

次数 N が決まると, バタワースフィルタの伝達関数 $G(s)$ は次式となる.

$$G(s) = \frac{(-1)^N s_1 s_2 \cdots\cdots s_N}{(s - s_1)(s - s_2) \cdots\cdots (s - s_N)} \tag{10.11}$$

分子の定数 $(-1)^N s_1 s_2 \cdots\cdots s_N$ は式 (10.2) の二乗振幅特性で $|G(0)|^2 = 1$ の
値と等しくするためのものである.

以上, 式 (10.8) の極配置から, フィルタの次数 N に応じてバタワースフィル
タの伝達関数 $G(s)$ の一般式は, $R = \omega_c \varepsilon^{-1/N}$ として次式のように表すことが
できる (問題 10.4 参照).

$$
\left.
\begin{aligned}
N&: \quad \text{偶数のとき} \\
&\quad G(s) = \prod_{k=1}^{N/2} \frac{R^2}{s^2 - 2R\cos\theta_k s + R^2} \\
N&: \quad \text{奇数のとき} \\
&\quad G(s) = \frac{R}{s+R} \prod_{k=1}^{(N-1)/2} \frac{R^2}{s^2 - 2R\cos\theta_k s + R^2} \\
\text{ただし,} \quad &\theta_k = \frac{2k+N-1}{2N}\pi \quad (k=1,2,\cdots\cdots,N)
\end{aligned}
\right\}
\tag{10.12}
$$

【チェビシェフフィルタ】

バタワースフィルタは通過域と遮断域ともに単調な周波数特性であったが, チェビシェフフィルタは通過域に等リップルの特性をもっていて, 振幅特性は次式によって与えられる.

$$
|G(j\omega)| = \frac{1}{\sqrt{1 + \varepsilon^2 C_N^2(\omega/\omega_c)}}
\tag{10.13}
$$

ここで, $C_N(\omega/\omega_c)$ は N 次のチェビシェフ多項式で, 等リップル特性はこの多項式の性質によるものである. また, ε は通過域のリップルの大きさに関係するパラメータである.

N 次のチェビシェフ多項式 C_N は,

$$
C_N(\omega) =
\begin{cases}
\cos(N\cos^{-1}\omega), & |\omega| \leqq 1 \\
\cosh(N\cosh^{-1}\omega), & |\omega| > 1
\end{cases}
\tag{10.14}
$$

あるいは,

$$
\left.
\begin{aligned}
C_N(\omega) &= 2\omega C_{N-1}(\omega) - C_{N-2}(\omega) \\
C_0(\omega) &= 1 \\
C_1(\omega) &= \omega
\end{aligned}
\right\}
\tag{10.15}
$$

によって定義される関数で, C_1 から C_6 までの形状を**図 10.5** に示す.

図 10.6 はフィルタの次数 N を固定して ε の値をいくつか変えたときのチェビシェフフィルタの特性を示している. ε の値を大きくすると遮断域の特性は良くなるが, 通過域のリップル幅が大きくなってしまいフィルタの特性として好

ましくない. このため, ε の値はある程度小さくする必要がある.

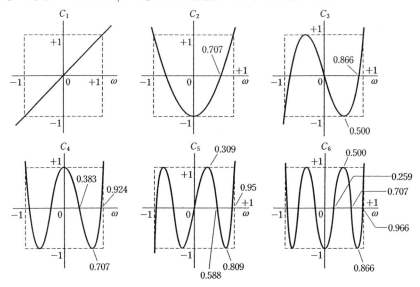

図 10.5　チェビシェフ多項式 C_N

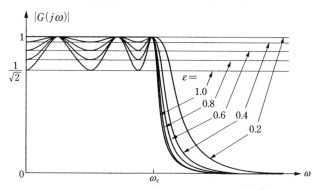

図 10.6　チェビシェフフィルタのリップル幅

次に, 伝達関数 $G(s)$ について考える. 二乗振幅特性は式 (10.13) より次式となる.

$$|G(j\omega)|^2 = \frac{1}{1 + \varepsilon^2 C_N^2(\omega/\omega_c)} \tag{10.16}$$

式 (10.5) より伝達関数 $G(s)$ は次式の関係が成立する.

$$G(s)G(-s) = \frac{1}{1 + \varepsilon C_N^2(s/j\omega_c)} \tag{10.17}$$

バタワースフィルタの場合と同様に, チェビシェフフィルタの極配置は,

$$1 + \varepsilon^2 C_N^2 \left(\frac{s}{j\omega_c} \right) = 0 \tag{10.18}$$

から求めることができる. 上式を s について解けば極配置は次式によって与えられる (問題 10.5 参照).

$$s_k = \omega_c(\sinh\alpha \cdot \cos\theta_k + j\cosh\alpha \cdot \sin\theta_k) \tag{10.19}$$

ただし, $\alpha = \dfrac{1}{N}\sinh^{-1}\dfrac{1}{\varepsilon}$, $\quad \theta_k = \dfrac{2k+N-1}{2N}\pi$, $\quad (k = 1, 2, \cdots\cdots, 2N)$

ここで $N = 3$ と 4 のときの極配置を示すと**図 10.7** のようになり, s 平面の長径 $\omega_c\cosh\alpha$, 短径 $\omega_c\sinh\alpha$ の楕円上に配置されることがわかる.

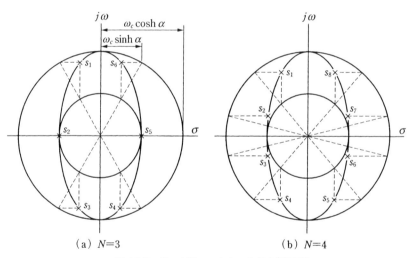

（a）$N=3$　　　　　（b）$N=4$

図 10.7 チェビシェフフィルタの極配置

このことは, $s_k = \sigma_k + j\omega_k$ とおけば次式

$$\frac{\sigma_k^2}{(\omega_c\sinh\alpha)^2} + \frac{\omega_k^2}{(\omega_c\cosh\alpha)^2} = 1 \tag{10.20}$$

が成立することからわかる.

　チェビシェフフィルタの場合も伝達関数 $G(s)$ の極は左半平面のみを考えればよいから, 式 (10.19) の k は 1 から N まででよい. したがって, 伝達関数 $G(s)$ は次式となる.

$$N: \text{奇数のとき}$$

$$G(s) = \frac{-s_1 s_2 \cdots\cdots s_N}{(s - s_1)(s - s_2)\cdots\cdots(s - s_N)}$$

$$N: \text{偶数のとき}$$

$$G(s) = \frac{1}{\sqrt{1 + \varepsilon^2}} \cdot \frac{-s_1 s_2 \cdots\cdots s_N}{(s - s_1)(s - s_2)\cdots\cdots(s - s_N)} \qquad (10.21)$$

$s = 3$ と 4 のときの二乗振幅特性を**図 10.8** に示す. ここで, N が奇数か偶数かによって始点 $(\omega = 0)$ が異なることに注意しよう. また, $\omega = \omega_c$ のところで N の奇数と偶数とにかかわらず同じ値をとる.

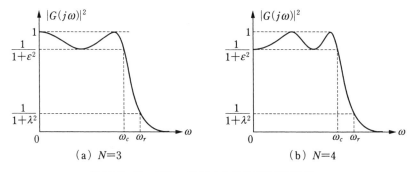

(a) $N=3$　　　　　(b) $N=4$

図 10.8 チェビシェフフィルタの二乗振幅特性

バタワースフィルタと同様に, 図 10.8 に示したカットオフ周波数 ω_c と遮断周波数 ω_r, およびそれぞれの周波数における減衰レベルを指定すると, 設計仕様を満たすフィルタを設計することができる. すなわち, $\omega = \omega_r$ において,

$$|G(j\omega)|^2 = \frac{1}{1 + \varepsilon^2 C_N^2(\omega_r/\omega_c)} = \frac{1}{1 + \lambda^2} \qquad (10.22)$$

が成立するから, 上式より設計仕様を満たすフィルタの次数 N は次式によって求めることができる (問題 10.6 参照).

$$N \geqq \frac{\cosh^{-1}(\lambda/\varepsilon)}{\cosh^{-1}(\omega_r/\omega_c)} \qquad (10.23)$$

以上, 式 (10.19) の極配置から, フィルタの次数 N に応じて伝達関数 $G(s)$ の一般式は次式のように表すことができる (問題 10.7 参照).

N：奇数のとき

$$G(s) = \frac{\omega_c \sinh\alpha}{s + \omega_c \sinh\alpha} \prod_{k=1}^{(N-1)/2} \frac{\omega_c{}^2 b(k)}{s^2 - 2\omega_c a(k)s + \omega_c{}^2 b(k)}$$

N：偶数のとき

$$G(s) = \frac{1}{\sqrt{1+\varepsilon^2}} \prod_{k=1}^{N/2} \frac{\omega_c{}^2 b(k)}{s^2 - 2\omega_c a(k)s + \omega_c{}^2 b(k)}$$

ただし

$$a(k) = \sinh\alpha \cdot \cos\theta_k$$

$$b(k) = (\sinh\alpha \cdot \cos\theta_k)^2 + (\cosh\alpha \cdot \sin\theta_k)^2$$

$$\theta_k = \frac{2k+N-1}{2N}\pi, \quad (k = 1, 2, \cdots\cdots, N)$$

(10.24)

10.2 双一次変換法

ディジタルフィルタの伝達関数 $H(z)$ を求める代表的なものとして**インパルス不変法**と**双一次変換法**がある. インパルス不変法はその名のとおり, アナログフィルタ $G(s)$ のインパルス応答 $g(t)$ からサンプリング周期 T でサンプルした離散系列 $g(nT)$ をディジタルフィルタのインパルス応答 $h(nT)$ とする方法である.

ところが, この方法はもとのアナログフィルタの周波数特性 $G(j\omega)$ が帯域制限されていて, しかも周期 T が標本化定理を満たすような間隔でサンプルしなければならないという制約がある.

図10.9 はアナログフィルタの周波数応答を $|G(j\omega)|$, 周期的なディジタルフィルタの周波数応答を $|H(e^{j\omega T})|$ として示している. 図 (a) に示すように $|\omega| > \omega_s/2$ の範囲で $|G(j\omega)| = 0$, かつ標本化定理を満たしていればアナログとディジタルのフィルタ周波数特性は一致する. ところが図 (b) のように $|\omega| > \omega_s/2$ の範囲で $|G(j\omega)| \neq 0$ であれば, エイリアシング誤差が生じて両者の周波数特性は異なってくる.

このように, インパルス不変法は帯域制限されたフィルタのみが設計可能であるから, 高域フィルタや帯域阻止フィルタは設計できない. このため, これ以上の説明は割愛する.

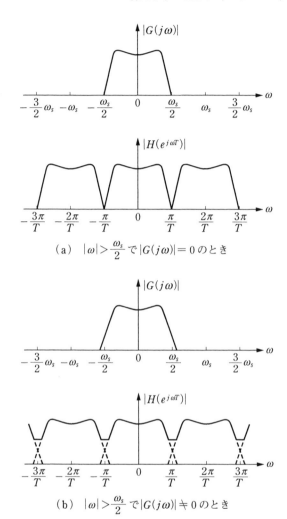

（a）　$|\omega| > \dfrac{\omega_s}{2}$ で $|G(j\omega)| = 0$ のとき

（b）　$|\omega| > \dfrac{\omega_s}{2}$ で $|G(j\omega)| \neq 0$ のとき

図 10.9　アナログとディジタルのフィルタ特性

　安定なアナログフィルタの伝達関数 $G(s)$ を安定なディジタルフィルタの伝達関数 $H(z)$ に変換するには，s 平面と z 平面の対応が 1 対 1 で，しかも s 平面の安定領域が z 平面の安定領域に変換されればよい．すなわち，s 平面の虚軸が z 平面の単位円に，s 平面の左半平面が z 平面の単位円内に対応するような変換法で，このような変換法として**双一次変換法** (bilinear transformation method) がある．この双一次変換は，

$$s = \frac{2}{T} \cdot \frac{1 - z^{-1}}{1 + z^{-1}} \tag{10.25}$$

によってディジタルフィルタの伝達関数 $H(z)$ を得る方法で，アナログフィルタの伝達関数 $G(s)$ をもとにして

$$H(z) = G(s)\big|_{s=(2/T)\cdot(1-z^{-1})/(1+z^{-1})} = G\left(\frac{2}{T} \cdot \frac{1 - z^{-1}}{1 + z^{-1}}\right) \tag{10.26}$$

によって $H(z)$ に変換される．

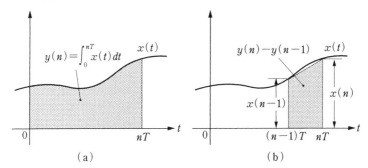

図 10.10 双一次変換式の誘導

式 (10.25) の双一次変換式は以下のようにして誘導できる．**図 10.10** に示すように信号 $x(t)$ の $t = nT$ までの積分値 (網目部分) を $y(n)$ とする．すなわち，

$$y(n) = \int_0^{nT} x(t)\,dt$$

このとき，図 (b) のサンプリング周期 T に対する網目部分の面積は次式で与えられる．

$$y(n) - y(n-1) = \int_{(n-1)T}^{nT} x(t)\,dt$$

ここで，$x(t)$ のサンプル値を $x(n)$ として網目部分の面積を台形公式で近似すれば，

$$y(n) - y(n-1) = \frac{x(n) + x(n-1)}{2}T$$

が得られ，アナログ信号の積分操作に対応している．上式両辺の Z 変換を求めると，

$$(1 - z^{-1})Y(z) = \frac{T}{2}\left(1 + z^{-1}\right)X(z)$$

となり,ディジタルの積分演算子は次式となる.

$$\frac{Y(z)}{X(z)} = \frac{T}{2} \cdot \frac{1 + z^{-1}}{1 - z^{-1}}$$

一方,アナログの積分演算子は $1/s$ であるから次式の関係から,結局式 (10.25) が得られる.

$$\frac{1}{s} = \frac{T}{2} \cdot \frac{1 + z^{-1}}{1 - z^{-1}} \tag{10.27}$$

　式 (10.25) の変換式は **図 10.11** に示すように s 平面の左半平面は z 平面の単位円内に写像されることがわかる.アナログフィルタの安定条件はすべての極が左半平面に存在することであり,一方ディジタルフィルタの安定条件はすべての極が単位円内に存在することであった.したがって,双一次変換法によって得られるディジタルフィルタは雛形となるアナログフィルタが安定であればつねに安定となる.

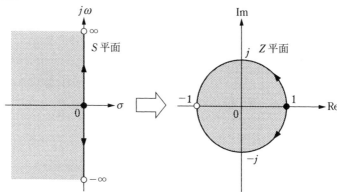

図 10.11　双一次変換法の写像関係

　ところが,双一次変換法はアナログとディジタルの周波数軸にひずみが生じるという欠点がある.このことはアナログの周波数を ω_A ,ディジタルの周波数を ω_D として,$s = j\omega_A$, $z = e^{j\omega_D T}$ の関係を式 (10.25) に代入すれば,

$$\omega_A = \frac{2}{T} \tan\left(\frac{\omega_D T}{2}\right) \tag{10.28}$$

が得られ,**図 10.12** に示すように非線形な変換であることがわかる (問題 10.8 参照).

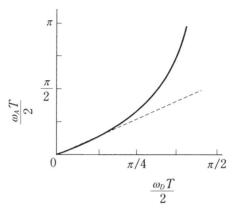

図 10.12 双一次変換法の周波数ひずみ

図 10.13 は双一次変換法によるディジタルフィルタの周波数特性とアナログフィルタの周波数特性の対応関係を示している.

このように,ディジタルフィルタを設計するときは,この周波数ひずみを考慮に入れて設計しなければならない.

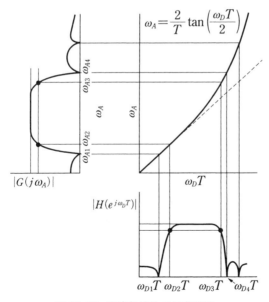

図 10.13 周波数特性の対応関係

10.3   ディジタルフィルタの設計例

次数 N が偶数か奇数かによってアナログバタワースフィルタの伝達関数の一般式は式 (10.12) によって与えられた. これら伝達関数の 1 次系と 2 次系に式 (10.26) の双一次変換を適用して, ディジタルフィルタの伝達関数を求めてみよう.

1 次系の伝達関数 $G_1(s)$ は,

$$G_1(s) = \frac{R}{s + R} \tag{10.29}$$

上式に双一次変換を適用して, ディジタルフィルタの伝達関数 $H_1(z)$ は次式となる.

$$H_1(z) = \frac{R}{\dfrac{2}{T} \cdot \dfrac{1 - z^{-1}}{1 + z^{-1}} + R}$$

$$= \frac{\dfrac{RT}{2 + RT}\left(1 + z^{-1}\right)}{1 - \dfrac{2 - RT}{2 + RT}z^{-1}} = \frac{D\left(1 + z^{-1}\right)}{1 - Ez^{-1}} \tag{10.30}$$

ただし, $\quad D = \dfrac{RT}{2 + RT}, \; E = \dfrac{2 - RT}{2 + RT}$ \qquad\qquad (10.31)

2 次系の伝達関数 $G_k(s)$ は次式によって与えられた.

$$G_k(s) = \frac{R^2}{s^2 - 2R \cos\theta_k s + R^2} \tag{10.32}$$

同様にして, ディジタルフィルタの伝達関数 $H_k(z)$ は次式となる.

$$H_k(z) = \frac{R^2}{\left(\dfrac{2}{T} \cdot \dfrac{1 - z^{-1}}{1 + z^{-1}}\right)^2 - 2R \cos\theta_k \left(\dfrac{2}{T} \cdot \dfrac{1 - z^{-1}}{1 + z^{-1}}\right) + R^2}$$

$$= \frac{\dfrac{R^2 T^2}{4 - 4RT \cos\theta_k + R^2 T^2}(1 + z^{-1})^2}{1 - \dfrac{8 - 2R^2 T^2}{4 - 4RT \cos\theta_k + R^2 T^2}z^{-1} + \dfrac{4 + 4RT \cos\theta_k + R^2 T^2}{4 - 4RT \cos\theta_k + R^2 T^2}z^{-2}}$$

$$= \frac{A(1 + z^{-1})^2}{1 - Bz^{-1} + Cz^{-2}} \tag{10.33}$$

$$
\left.\begin{aligned}
\text{ただし,}\quad A &= \frac{1}{\Delta_k} R^2 T^2 \\
B &= \frac{1}{\Delta_k}(8 - 2R^2 T^2) \\
C &= \frac{1}{\Delta_k}(4 + 4RT\cos\theta_k + R^2 T^2) \\
\Delta_k &= 4 - 4RT\cos\theta_k + R^2 T^2
\end{aligned}\right\} \tag{10.34}
$$

図 **10.14** に 1 次系と 2 次系のディジタルフィルタの構成図を示す.

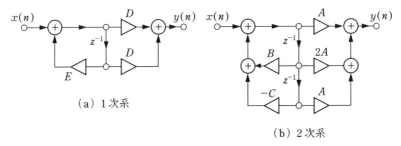

（a）1 次系

（b）2 次系

図 10.14 1 次系と 2 次系のフィルタ構成図

【例題 10.1】　　次の設計仕様を満たす低域のバタワースフィルタを設計せよ.

カットオフ周波数 4 kHz , 4 kHz における減衰レベルを -3 dB , 遮断周波数 5 kHz , 5 kHz における減衰レベルを -15 dB , サンプリング周波数 20 kHz とする.

【解答】　　$\omega_{Dc} = 2\pi f_{Dc} = 8\pi \times 10^3$ [rad/s], $\omega_{Dr} = 2\pi f_{Dr} = 10\pi \times 10^3$ [rad/s]

$T = \dfrac{1}{f_s} = 0.5 \times 10^{-4}$ [s] を得る.

$\Omega_A = \omega_A T$ とおいて, 式 (10.28) より

$$
\Omega_{Ac} = 2\tan\left(\frac{\omega_{Dc}T}{2}\right) = 2\tan\left(\frac{8\pi \times 10^3 \times 0.5 \times 10^{-4}}{2}\right) = 1.4531
$$

$$
\Omega_{Ar} = 2\tan\left(\frac{\omega_{Dr}T}{2}\right) = 2\tan\left(\frac{10\pi \times 10^3 \times 0.5 \times 10^{-4}}{2}\right) = 2
$$

$$
20\log\frac{1}{\sqrt{1+\varepsilon^2}} = -3 \quad \text{より} \quad \varepsilon = 1
$$

$$20 \log \frac{1}{\sqrt{1 + \lambda^2}} = -15 \quad \text{より} \quad \lambda = 5.534$$

式 (10.10) より

$$N \geqq \frac{\log(\lambda/\varepsilon)}{\log(\omega_{Ar}/\omega_{Ac})} = 5.355 \quad \therefore \quad N = 6$$

$RT = \omega_{Ac} T \varepsilon^{-1/N} = \Omega_{Ac} = 1.4531$

$k = 1$ で $\theta_1 = 7\pi/12$, 式 (10.34) より,

$$\Delta_1 = 4 - 4RT \cos \frac{7}{12}\pi + R^2 T^2 = 7.6157$$

$$A(1) = \frac{1}{\Delta_1} R^2 T^2 = 0.2773, \quad B(1) = \frac{1}{\Delta_1}(8 - 2R^2 T^2) = 0.4960$$

$$C(1) = \frac{1}{\Delta_1}(4 + 4RT \cos \frac{7}{12}\pi + R^2 T^2) = 0.6050$$

$k = 2$ で $\theta_2 = 9\pi/12$, 同様に

$$\Delta_2 = 4 - 4RT \cos \frac{9}{12}\pi + R^2 T^2 = 10.2214$$

$$A(2) = 0.2066, \ B(2) = 0.3695, \ C(2) = 0.1958$$

$k = 3$ で $\theta_3 = 11\pi/12$, 同様に,

$$\Delta_3 = 4 - 4RT \cos \frac{11}{12}\pi + R^2 T^2 = 11.7258$$

$$A(3) = 0.1801, \ B(3) = 0.3221, \ C(3) = 0.0424$$

$$\therefore \ H(z) = \frac{0.2773(1 + 2z^{-1} + z^{-2})}{1 - 0.4960z^{-1} + 0.6050z^{-2}} \cdot \frac{0.2066(1 + 2z^{-1} + z^{-2})}{1 - 0.3695z^{-1} + 0.1958z^{-2}}$$

$$\times \frac{0.1801(1 + 2z^{-1} + z^{-2})}{1 - 0.3221z^{-1} + 0.0424z^{-2}}$$

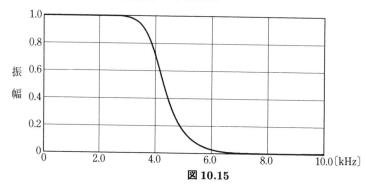

図 10.15

バタワースフィルタの周波数特性を**図 10.15** に示す. ◀

一方,アナログチェビシェフフィルタの伝達関数は式 (10.24) によって与えられた. 同様にこれら伝達関数の 1 次系と 2 次系に式 (10.26) の双一次変換を適用して, ディジタルフィルタの伝達関数を求めてみよう.

1 次系の伝達関数 $G_1(s)$ は

$$G_1(s) = \frac{\omega_c \sinh \alpha}{s + \omega_c \sinh \alpha} \tag{10.35}$$

上式に双一次変換を適用して, ディジタルフィルタの伝達関数 $H_1(z)$ は次式となる.

$$
\begin{aligned}
H_1(z) &= \frac{\omega_c \sinh \alpha}{\dfrac{2}{T} \cdot \dfrac{1 - z^{-1}}{1 + z^{-1}} + \omega_c \sinh \alpha} \\
&= \frac{\dfrac{\Omega \sinh \alpha}{2 + \Omega \sinh \alpha}(1 + z^{-1})}{1 - \dfrac{2 - \Omega \sinh \alpha}{2 + \Omega \sinh \alpha} z^{-1}} = \frac{D(1 + z^{-1})}{1 - E z^{-1}}
\end{aligned} \tag{10.36}
$$

$$
\left.
\begin{aligned}
\text{ただし,} \quad D &= \frac{\Omega \sinh \alpha}{2 + \Omega \sinh \alpha}, \quad E = \frac{2 - \Omega \sinh \alpha}{2 + \Omega \sinh \alpha} \\
\Omega &= \omega_c T
\end{aligned}
\right\} \tag{10.37}
$$

2 次系の伝達関数 $G_k(s)$ は次式によって与えられた.

$$G_k(s) = \frac{\omega_c^2 b(k)}{s^2 - 2\omega_c a(k)s + \omega_c^2 b(k)} \tag{10.38}$$

同様にして, ディジタルフィルタの伝達関数 $H_k(z)$ は次式となる.

$$
\begin{aligned}
H_k(z) &= \frac{\omega_c^2 b(k)}{\left(\dfrac{2}{T} \cdot \dfrac{1 - z^{-1}}{1 + z^{-1}}\right)^2 - 2\omega_c a(k)\left(\dfrac{2}{T} \cdot \dfrac{1 - z^{-1}}{1 + z^{-1}}\right) + \omega_c^2 b(k)} \\
&= \frac{\dfrac{\Omega^2 b(k)}{4 - 4\Omega a(k) + \Omega^2 b(k)}(1 + z^{-1})^2}{1 - \dfrac{8 - 2\Omega^2 b(k)}{4 - 4\Omega a(k) + \Omega^2 b(k)} z^{-1} + \dfrac{4 + 4\Omega a(k) + \Omega^2 b(k)}{4 - 4\Omega a(k) + \Omega^2 b(k)} z^{-2}} \\
&= \frac{A(k)(1 + z^{-1})^2}{1 - B(k) z^{-1} + C(k) z^{-2}}
\end{aligned} \tag{10.39}
$$

$$\left. \begin{aligned} \text{ただし,}\quad A(k) &= \frac{1}{\Delta_k}\Omega^2 b(k) \\ B(k) &= \frac{1}{\Delta_k}(8 - 2\Omega^2 b(k)) \\ C(k) &= \frac{1}{\Delta_k}(4 + 4\Omega a(k) + \Omega^2 b(k)) \\ \Delta_k &= 4 - 4\Omega a(k) + \Omega^2 b(k), \quad \Omega = \omega_c T \end{aligned} \right\} \tag{10.40}$$

チェビシェフフィルタの 1 次系と 2 次系の構成は図 10.14 と全く同様である.

【例題 10.2】　次の設計仕様を満たす低域のチェビシェフフィルタを設計せよ.

カットオフ周波数 4 kHz , 4 kHz における減衰レベルを -1 dB , 遮断周波数 5 kHz , 5 kHz における減衰レベルを -20 dB , サンプリング周波数 20 kHz とする.

【解答】　$20\log\dfrac{1}{\sqrt{1+\varepsilon^2}} = -1$ より $\varepsilon = 0.5088$

$20\log\dfrac{1}{\sqrt{1+\lambda^2}} = -20$ より $\lambda = 9.95$

$$\Omega_{Ac} = 2\tan\left(\frac{\omega_{Dc}T}{2}\right) = 1.4531, \quad \Omega_{Ar} = 2\tan\left(\frac{\omega_{Dr}T}{2}\right) = 2$$

式 (10.23) より

$$N \geq \frac{\cosh^{-1}(\lambda/\varepsilon)}{\cosh^{-1}(\omega_{Ar}/\omega_{Ac})} = 4.351 \quad \therefore \quad N = 5$$

式 (10.19) より

$$\alpha = \frac{1}{N}\sinh^{-1}\frac{1}{\varepsilon} = 0.2856$$
$$\sinh\alpha = 0.2895, \quad \cosh\alpha = 1.0411$$

式 (10.37) より

$$D = \frac{\Omega_{Ac}\sinh\alpha}{2 + \Omega_{Ac}\sinh\alpha} = 0.1738, \quad E = \frac{2 - \Omega_{Ac}\sinh\alpha}{2 + \Omega_{Ac}\sinh\alpha} = 0.6524$$

$k = 1$ で $\theta_1 = 3\pi/5$, 式 (10.24) より,

$$a(1) = \sinh\alpha \cdot \cos\frac{3}{5}\pi = -0.0895$$
$$b(1) = \left(\sinh\alpha \cdot \cos\frac{3}{5}\pi\right)^2 + \left(\cosh\alpha \cdot \sin\frac{3}{5}\pi\right)^2 = 0.988$$

式 (10.40) より

$$\Delta_1 = 4 - 4\Omega_{Ac}a(1) + \Omega_{Ac}^2 b(1) = 6.6061$$

$$A(1) = \frac{1}{\Delta_1}\Omega_{Ac}^2 b(1) = 0.3158, \quad B(1) = \frac{1}{\Delta_1}\left(8 - 2\Omega_{Ac}^2 b(1)\right) = 0.5794$$

$$C(1) = \frac{1}{\Delta_1}\left(4 + 4\Omega_{Ac}a(1) + \Omega_{Ac}^2 b(1)\right) = 0.8426$$

$k = 2$ で $\theta_2 = 4\pi/5$, 同様にして,

$$a(2) = \sinh\alpha \cdot \cos\frac{4}{5}\pi = -0.2342$$

$$b(2) = \left(\sinh\alpha \cdot \cos\frac{4}{5}\pi\right)^2 + \left(\cosh\alpha \cdot \sin\frac{4}{5}\pi\right)^2 = 0.4294$$

$$A(2) = 0.1446, \quad B(2) = 0.9870, \quad C(2) = 0.5655$$

$$\therefore \ H(z) = \frac{0.1738(1 + z^{-1})}{1 - 0.6524z^{-1}} \cdot \frac{0.3158(1 + 2z^{-1} + z^{-2})}{1 - 0.5794z^{-1} + 0.8426z^{-2}}$$

$$\times \frac{0.1446(1 + 2z^{-1} + z^{-2})}{1 - 0.9870z^{-1} + 0.5655z^{-2}}$$

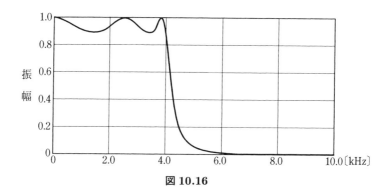

図 10.16

チェビシェフフィルタの周波数特性を**図 10.16** に示す.　◀

10.4　周波数変換

　双一次変換法で求められた低域ディジタルフィルタを原型として, 別の周波数選択性フィルタへの周波数変換は, 基本的にはアナログフィルタの場合と同様にして行われる.

　このとき, 原形低域フィルタの単位円内の極は, 変換後も単位円内に写像されて安定となるようにしなければならない.

このような条件を満たす周波数変換は z^{-1} の有理関数で行うことができて，一般に次式のような形をしている．

$$z^{-1} \to \prod_{k=1}^{M} \frac{z^{-1} - \alpha_k}{1 - \alpha_k z^{-1}} \tag{10.41}$$

ここで，安定条件から $|\alpha_k| < 1$ であり，α_k と M を適当に選ぶことによって周波数変換が可能となる．具体的には原形低域フィルタから低域，高域，帯域通過および帯域阻止フィルタへの変換は**表 10.1** によって行うことができる．

表 10.1　カットオフ周波数 ω_c の低域ディジタルフィルタからの周波数変換

フィルタの形	変換	パラメータ
低　域 	$z^{-1} \to \dfrac{z^{-1} - a}{1 - az^{-1}}$	$a = \dfrac{\sin(\omega_c - \omega_0)/2}{\sin(\omega_c + \omega_0)/2}$
高　域 	$z^{-1} \to -\dfrac{z^{-1} + a}{1 + az^{-1}}$	$a = -\dfrac{\cos(\omega_c + \omega_0)/2}{\cos(\omega_c - \omega_0)/2}$
帯域通過 	$z^{-1} \to -\dfrac{z^{-2} - \frac{2ak}{k+1}z^{-1} + \frac{k-1}{k+1}}{\frac{k-1}{k+1}z^{-2} - \frac{2ak}{k+1}z^{-1} + 1}$	$a = \dfrac{\cos(\omega_2 + \omega_1)/2}{\cos(\omega_2 - \omega_1)/2}$ $k = \cot\left(\dfrac{\omega_2 - \omega_1}{2}\right) \cdot \tan\dfrac{\omega_c}{2}$
帯域阻止 	$z^{-1} \to \dfrac{z^{-2} - \frac{2a}{1+k}z^{-1} + \frac{1-k}{1+k}}{\frac{1-k}{1+k}z^{-2} - \frac{2a}{1+k}z^{-1} + 1}$	$a = \dfrac{\cos(\omega_2 + \omega_1)/2}{\cos(\omega_2 - \omega_1)/2}$ $k = \tan\left(\dfrac{\omega_2 - \omega_1}{2}\right) \cdot \tan\dfrac{\omega_c}{2}$

　例題 10.2 で求めた低域チェビシェフフィルタを原形として，周波数変換後の特性を**図 10.17** に示す．図 (a) はカットオフ周波数が 5 kHz の低域フィルタへ，図 (b) は 3 kHz の高域フィルタへ，図 (c) は通過域の周波数が 2 〜 5 kHz の帯域通過フィルタへ，図 (d) は 2 〜 5 kHz の帯域阻止フィルタへ変換した後の周波数特性をそれぞれ示している．

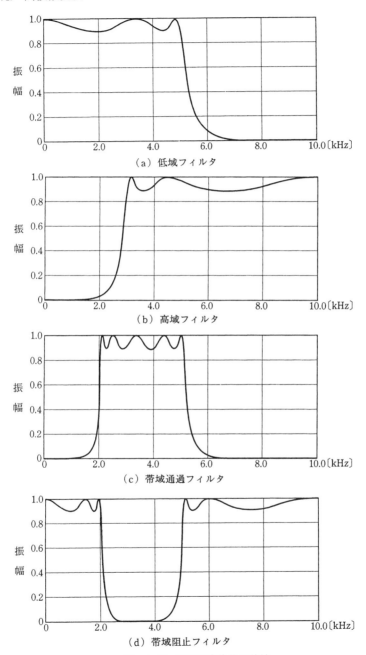

（a）低域フィルタ

（b）高域フィルタ

（c）帯域通過フィルタ

（d）帯域阻止フィルタ

図 10.17 周波数変換後の特性

第10章　演　習　問　題

【**10.1**】　式 (10.5) が成立することを証明せよ.

【**10.2**】　バタワースフィルタの極配置が式 (10.8) で与えられることを示せ.

【**10.3**】　設計仕様を満たすバタワースフィルタの次数 N が式 (10.10) で与えられることを示せ.

【**10.4**】　次数 N が $1, 2, 3, 4$ のとき, 式 (10.12) のバタワースフィルタの伝達関数 $G(s)$ を求めよ.

【**10.5**】　チェビシェフフィルタの極配置が式 (10.19) で与えられることを示せ.

【**10.6**】　設計仕様を満たすチェビシェフフィルタの次数 N が 式 (10.23) で与えられることを示せ.

【**10.7**】　次数 N が $1, 2, 3, 4$ のとき, 式 (10.24) のチェビシェフフィルタの伝達関数 $G(s)$ を求めよ.

【**10.8**】　式 (10.28) が成立することを証明せよ.

参考文献

1. A.V.Oppenheim and R.W.Schafer : Digital Signal Processing, Prentice-Hall, 1975
   (訳) 伊達　玄 : ディジタル信号処理 (上),(下), コロナ社, 1978
2. L.R.Rabiner and B. Gold : Theory and Application of Digital Signal Processing, Prentice-Hall, 1975
3. B.Gold and C.M.Rarar : Digital Processing of Signal, McGraw-Hill, 1969
   (訳) 石田 晴久 : 電子計算機による信号処理, 共立出版, 1972
4. A.V.Oppenheim, A.S.Willsky and Ian T.Young : Signals and Systems, Prentice-Hall, 1983
   (訳) 伊達　玄 : 信号とシステム (1)〜(4), コロナ社, 1985
5. H.P.Hsu : Fourier Analysis, Simon & Schuster, 1967
   (訳) 佐藤 平八 : フーリエ解析, 森北出版, 1976
6. H.P.Hsu : Theory and Problems of SIGNALS AND SYSTEMS, McGraw-Hill, 1995
   (訳) 村崎・間多・飽本 : 信号処理 (Ⅰ), (Ⅱ), オーム社, 1998
7. S.D.Stearns : Digital Signal Analysis, Hayden Book, 1975
8. L.B.Jackson : Signals, Systems and Transforms, Addison-Wesley, 1991
9. C.L.Phillips and J.M.Parr : Signals, Systems and Transforms, Prentice-Hall, 1995
10. N.Ahmed and T.Natarajan : Discrete−Time Signals and Systems, Prentice-Hall, 1983
    (訳) 大類・荒 : 離散時間の信号とシステム, 啓学出版, 1990
11. J.H.McClellan, R.W.Schafer and M.A.Yoder : DSP First−A Multimedia Approach, Prentice-Hall, 1998
    (訳) 荒　実 : MATLAB による DSP 入門, ピアソン・エデュケーション, 2000
12. 今井　聖 : ディジタル信号処理, 秋葉出版, 1980
13. 今井　聖 : 信号処理工学, コロナ社, 1993
14. 武部　幹 : 回路の応答, コロナ社, 1981
15. 武部・西川 : 回路の応答演習, コロナ社, 1984
16. 武部　幹 : ディジタルフィルタの設計, 東海大出版会, 1986
17. 城戸　健一 : ディジタル信号処理入門, 丸善, 1985

18. 森下・小畑，：信号処理, 計測自動制御学会, 1982
19. 小畑・幹：CAI ディジタル信号処理, コロナ社, 1998
20. 樋口 龍雄：ディジタル信号処理の基礎, 昭晃堂, 1986
21. 樋口・川又：MATLB 対応ディジタル信号処理, 昭晃堂, 2000
22. 三谷 政昭：ディジタルフィルタデザイン, 昭晃堂, 1987
23. 辻井 重男：ディジタル信号処理の基礎, 電子情報通信学会, 1988
24. 辻井・鎌田：ディジタル信号処理, 昭晃堂, 1990
25. 中村 尚五：ビギナーズディジタル信号処理, 東京電機大学出版局, 1989
26. 中村 尚五：ビギナーズディジタルフーリエ変換, 東京電機大学出版局, 1989
27. 中村 尚五：ビギナーズディジタルフィルタ, 東京電機大学出版局, 1989
28. 三上 直樹：ディジタル信号処理入門, CQ 出版, 1989
29. 三上 直樹：ディジタル信号処理の基礎, CQ 出版, 1998
30. 尾知 博：ディジタル・フィルタ設計入門, CQ 出版, 1990
31. 江原 義郎：ユーザーズディジタル信号処理, 東京電機大学出版局, 1991
32. 相良 岩男：AD/DA 変換回路入門, 日刊工業新聞社, 1991
33. 佐川・貴家：高速フーリエ変換とその応用, 昭晃堂, 1992
34. 貴家 仁市：ディジタル信号処理, 昭晃堂, 1997
35. 久保田 一：わかりやすいフーリエ解析, オーム社, 1992
36. 辻井・久保田：わかりやすいディジタル信号処理, オーム社, 1993
37. 浜田 望：よくわかる信号処理, オーム社, 1995
38. 岩田 彰：ディジタル信号処理, コロナ社, 1995
39. 酒井 幸市：高専学生のためのディジタル信号処理, コロナ社, 1996
40. 酒井 英昭：信号処理, オーム社, 1998
41. 高橋・池原：ディジタルフィルタ, 培風館, 1999
42. 久保田・大石：C 言語によるディジタル信号処理の基礎, コロナ社, 1999
43. 足立 修一：信号とダイナミカルシステム, コロナ社, 1999
44. 半谷 清一郎：ディジタル信号処理 – 基礎から応用 –, コロナ社, 2000

演習問題 解答

第 2 章 演習問題解答

【2.1】

$$\int_{-T_0/2}^{T_0/2} \cos(m\omega_0 t)dt = 0, \quad m \neq 0 \text{ のとき} \tag{1}$$

$$\int_{-T_0/2}^{T_0/2} \sin(m\omega_0 t)dt = 0, \quad \text{すべての } m \text{ について} \tag{2}$$

および, 三角関数の直交性により, 以下の式が成立する.

$$\int_{-T_0/2}^{T_0/2} \cos(m\omega_0 t) \cdot \cos(n\omega_0 t)dt = \begin{cases} 0, & m \neq n \text{ のとき} \\ \dfrac{T_0}{2}, & m = n \neq 0 \text{ のとき} \end{cases} \tag{3}$$

$$\int_{-T_0/2}^{T_0/2} \sin(m\omega_0 t) \cdot \sin(n\omega_0 t)dt = \begin{cases} 0, & m \neq n \text{ のとき} \\ \dfrac{T_0}{2}, & m = n \neq 0 \text{ のとき} \end{cases} \tag{4}$$

$$\int_{-T_0/2}^{T_0/2} \sin(m\omega_0 t) \cdot \cos(n\omega_0 t)dt = 0, \quad \text{すべての } m \text{ と } n \text{ について} \tag{5}$$

式 (2.3) の両辺を 1 周期について積分し, 積分と和の順序を入れ換えれば,

$$\int_{-T_0/2}^{T_0/2} x(t)\, dt = \frac{1}{2}a_0 \int_{-T_0/2}^{T_0/2} dt + \int_{-T_0/2}^{T_0/2} \left\{ \sum_{n=1}^{\infty} (a_n \cos n\omega_0 t + b_n \sin n\omega_0 t) \right\} dt$$

$$= \frac{1}{2}a_0 T_0 + \sum_{n=1}^{\infty} a_n \int_{-T_0/2}^{T_0/2} \cos(n\omega_0 t)dt + \sum_{n=1}^{\infty} b_n \int_{-T_0/2}^{T_0/2} \sin(n\omega_0 t)dt$$

$$= \frac{1}{2}a_0 T_0$$

次に, 式 (2.3) の両辺に $\cos(m\omega_0 t)$ を掛けて, 1 周期について積分すると,

$$\int_{-T_0/2}^{T_0/2} x(t) \cos(m\omega_0 t)dt$$

$$= \frac{1}{2}a_0 \int_{-T_0/2}^{T_0/2} \cos(m\omega_0 t)dt + \int_{-T_0/2}^{T_0/2} \left\{ \sum_{n=1}^{\infty} a_n \cos(n\omega_0 t) \right\} \cos(m\omega_0 t)dt$$

$$+ \int_{-T_0/2}^{T_0/2} \left\{ \sum_{n=1}^{\infty} b_n \sin(n\omega_0 t) \right\} \cos(m\omega_0 t)dt$$

三角関数の直交性により,

$$\int_{-T_0/2}^{T_0/2} x(t)\cos(m\omega_0 t)dt = a_m \frac{T_0}{2}$$

$$\therefore \quad a_n = \frac{2}{T_0}\int_{-T_0/2}^{T_0/2} x(t)\cos(n\omega_0 t)dt$$

同様に, 式 (2.3) の両辺に $\sin(m\omega_0 t)$ を掛けて, 1 周期について積分すると,

$$\int_{-T_0/2}^{T_0/2} x(t)\sin(m\omega_0 t)dt = \frac{1}{2}a_0 \int_{-T_0/2}^{T_0/2} \sin(m\omega_0 t)dt$$

$$+ \int_{-T_0/2}^{T_0/2} \left\{ \sum_{n=1}^{\infty} a_n \cos(n\omega_0 t) \right\} \sin(m\omega_0 t)dt$$

$$+ \int_{-T_0/2}^{T_0/2} \left\{ \sum_{n=1}^{\infty} b_n \sin(n\omega_0 t) \right\} \sin(m\omega_0 t)dt$$

三角関数の直交性により,

$$\int_{-T_0/2}^{T_0/2} x(t)\sin(m\omega_0 t)dt = b_m \frac{T_0}{2}$$

$$\therefore \quad b_n = \frac{T_0}{2}\int_{-T_0/2}^{T_0/2} x(t)\sin(n\omega_0 t)dt$$

【2.2】

(a)

$$x(t) = \frac{4}{\pi}\sum_{n=1}^{\infty} \frac{1}{2n-1}\sin(2n-1)\omega_0 t$$

$$= \frac{4}{\pi}\left(\sin\omega_0 t + \frac{1}{3}\sin 3\omega_0 t + \frac{1}{5}\sin 5\omega_0 t + \cdots\cdots \right)$$

(b)

$$x(t) = \frac{8}{\pi^2}\sum_{n=1}^{\infty} \frac{1}{(2n-1)^2}\cos(2n-1)\omega_0 t$$

$$= \frac{8}{\pi^2}\left(\cos\omega_0 t + \frac{1}{3^2}\cos 3\omega_0 t + \frac{1}{5^2}\cos 5\omega_0 t + \cdots\cdots \right)$$

【2.3】 式 (2.13) より,

$$c_n = \frac{1}{2}(a_n - jb_n)$$

$$= \frac{1}{2}\left\{\frac{2}{T_0}\int_{-T_0/2}^{T_0/2} x(t)\cos(n\omega_0 t)dt - j\frac{2}{T_0}\int_{-T_0/2}^{T_0/2} x(t)\sin(n\omega_0 t)dt\right\}$$

$$= \frac{1}{T_0}\int_{-T_0/2}^{T_0/2} x(t)(\cos n\omega_0 t - j\sin n\omega_0 t)dt$$

$$= \frac{1}{T_0}\int_{-T_0/2}^{T_0/2} x(t)e^{-jn\omega_0 t}dt$$

$$\int_{-T_0/2}^{T_0/2} e^{jn\omega_0 t}\cdot\left(e^{jm\omega_0 t}\right)^* dt = \int_{-T_0/2}^{T_0/2} e^{j(n-m)\omega_0 t}dt = \begin{cases} 0 & n \neq m \\ T_0 & n = m \end{cases}$$

の証明. $n = m$ のときは明らか. $n \neq m$ のとき,

$$\int_{-T_0/2}^{T_0/2} e^{j(n-m)\omega_0 t}dt = \frac{1}{j(n-m)\omega_0}\left[e^{j(n-m)\omega_0 t}\right]_{-T_0/2}^{T_0/2}$$

$$= \frac{1}{j(n-m)\omega_0}\left(e^{j(n-m)\pi} - e^{-j(n-m)\pi}\right)$$

$$= \frac{1}{j(n-m)\omega_0}\left\{(-1)^{n-m} - (-1)^{n-m}\right\} = 0, \quad n \neq m$$

式 (2.14) の両辺に $e^{-jm\omega_0 t}$ を掛けて,1 周期について積分すれば,

$$\int_{-T_0/2}^{T_0/2} x(t)e^{-jm\omega_0 t}dt = \int_{-T_0/2}^{T_0/2}\left\{\sum_{n=-\infty}^{\infty} c_n e^{jn\omega_0 t}\right\}e^{-jm\omega_0 t}dt$$

積分と和の順序を交換して,

$$= \sum_{n=-\infty}^{\infty} c_n\left\{\int_{-T_0/2}^{T_0/2} e^{j(n-m)\omega_0 t}dt\right\}$$

$$= c_m T_0$$

$$\therefore\ c_n = \frac{1}{T_0}\int_{-T_0/2}^{T_0/2} x(t)e^{-jn\omega_0 t}dt$$

【2.4】

$$x(t) = 1 + \sin(\omega_0 t) + 2\cos(\omega_0 t) + \cos\left(2\omega_0 t + \frac{\pi}{4}\right)$$

オイラーの公式より,

$$x(t) = 1 + \frac{1}{2j}\left(e^{j\omega_0 t} - e^{-j\omega_0 t}\right) + \left(e^{j\omega_0 t} + e^{-j\omega_0 t}\right)$$

$$+ \frac{1}{2}\left\{e^{j(2\omega_0 t + \pi/4)} + e^{-j(2\omega_0 t + \pi/4)}\right\}$$

$$= 1 + \left(1 + \frac{1}{2j}\right)e^{j\omega_0 t} + \left(1 - \frac{1}{2j}\right)e^{-j\omega_0 t}$$

$$+ \left(\frac{1}{2}e^{j\pi/4}\right)e^{j2\omega_0 t} + \left(\frac{1}{2}e^{-j\pi/4}\right)e^{-j2\omega_0 t}$$

したがって, フーリエ係数は,

$$c_0 = 1, \ \ c_1 = 1 + \frac{1}{2j} = 1 - j\frac{1}{2}, \ \ c_{-1} = 1 - \frac{1}{2j} = 1 + j\frac{1}{2}$$

$$c_2 = \frac{1}{2}e^{j\pi/4} = \frac{\sqrt{2}}{4}(1+j), \ \ c_{-2} = \frac{1}{2}e^{-j\pi/4} = \frac{\sqrt{2}}{4}(1-j)$$

$$|c_1| = 1.12, \ \ \angle c_1 = -0.4636\,[\text{rad}]$$

$$|c_2| = 0.5, \ \ \angle c_2 = \frac{\pi}{4} = 0.7854\,[\text{rad}]$$

$|c_n|$ と $\angle c_n$ を**図 1** に示す.

【2.5】

符号関数 $\mathrm{sgn}(t)$ を**図 2** に示す. $\mathrm{sgn}(t)$ は

$$\mathrm{sgn}(t) = 2u(t) - 1$$

と表すことができる. 式 (2.58) から,

$$\frac{d}{dt}\mathrm{sgn}(t) = 2\delta(t)$$

ここで,

$$\mathrm{sgn}(t) \Leftrightarrow X(\omega)$$

とおいて, 式 (2.47) を適用して,

$$j\omega X(\omega) = \mathcal{F}[2\delta(t)] = 2$$

$$X(\omega) = \frac{2}{j\omega} \qquad \therefore \ \mathrm{sgn}(t) \Leftrightarrow \frac{2}{j\omega}$$

図 3 に示すように, $u(t)$ は

$$u(t) = \frac{1}{2} + \frac{1}{2}\mathrm{sgn}(t)$$

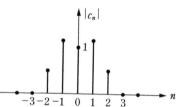

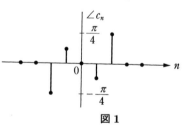

図 1

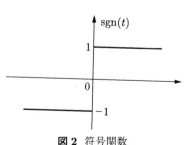

図 2 符号関数

と表すことができる. よって, 式 (2.63) と sgn(t) の FT 対から,

$$u(t) \Leftrightarrow \pi\delta(\omega) + \frac{1}{j\omega}$$

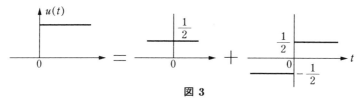

図 3

【2.6】 式 (2.41) より,

$$2\pi x(t) = \int_{-\infty}^{\infty} X(\omega)e^{j\omega t}d\omega$$

t を $-t$ におき換えると,

$$2\pi x(-t) = \int_{-\infty}^{\infty} X(\omega)e^{-j\omega t}d\omega$$

さらに t と ω を入れ換えると,

$$2\pi x(-\omega) = \int_{-\infty}^{\infty} X(t)e^{-j\omega t}dt = \mathcal{F}[X(t)]$$

$$\therefore \quad X(t) \Leftrightarrow 2\pi x(-\omega)$$

【2.7】 式 (2.40) から,

$$X(\omega) = \int_{-\infty}^{\infty} p_a(t)e^{-j\omega t}dt = \int_{-a}^{a} e^{-j\omega t}dt$$

$$= \frac{1}{j\omega}\left(e^{j\omega a} - e^{-j\omega a}\right) = 2\frac{\sin \omega a}{\omega} = 2a\frac{\sin \omega a}{\omega a}$$

$$\therefore \quad p_a(t) \Leftrightarrow 2\frac{\sin \omega a}{\omega}$$

上式に, 式 (2.43) の対称性を適用して,

$$2\frac{\sin at}{t} \Leftrightarrow 2\pi p_a(-\omega)$$

両辺を 2π で割り, $p_a(-\omega) = p_a(\omega)$ であるから,

$$\therefore \quad \frac{\sin at}{\pi t} \Leftrightarrow p_a(-\omega) = p(\omega)$$

■ **第 3 章 演習問題解答**

【3.1】

$$y(t) = \frac{1}{a}\left(1 - e^{-at}\right)$$

【3.2】

(1) $h(t) = 1 - e^{-t}$

(2) $h(t) = e^{-2t} + 2e^{-5t}$

(3) $h(t) = \dfrac{3}{4} - \dfrac{3}{4}e^{-2t} - \dfrac{3}{2}te^{-2t}$

【3.3】

(1) $H(s) = \dfrac{1 + R_2 Cs}{1 + (R_1 + R_2)Cs} = \dfrac{1 + Ts}{1 + aTs}$

ただし, $a = \dfrac{R_1 + R_2}{R_2} > 1,\ T = CR_2$

(2) $H(s) = \dfrac{R_2 + R_1 R_2 Cs}{R_1 + R_2 + R_1 R_2 Cs} = \dfrac{1}{a} \cdot \dfrac{1 + Ts}{1 + Ts/a}$

ただし, $a = \dfrac{R_1 + R_2}{R_2} > 1,\ T = CR_1$

【3.4】

$$H(s) = \frac{1}{R_1 C} \cdot \frac{1}{s + (R_1 + R_2)/R_1 R_2 C}$$

$$h(t) = \mathcal{L}^{-1}\{H(s)\} = \frac{1}{R_1 C} e^{-(R_1 + R_2)t/R_1 R_2 C}$$

【3.5】

$$i_1 = i_2 + i_3$$

$$L\frac{di}{dt} = x(t) - y(t),\ \ i_2 = \frac{y(t)}{R},\ \ i_3 = C\frac{dy(t)}{dt}$$

$$i_1 = \frac{1}{L}\int_0^t (x(t) - y(t))\,dt \quad \therefore\ \frac{1}{L}\int_0^t \{x(t) - y(t)\}\,dt = \frac{y(t)}{R} + C\frac{dy(t)}{dt}$$

L, C, R の値を代入して,

$$2 \int_0^t \{x(t) - y(t)\} \, dt = 3y(t) + \frac{dy(t)}{dt}$$

$$\therefore \ \frac{d^2 y(t)}{dt^2} + 3\frac{dy(t)}{dt} + 2y(t) = 2x(t)$$

初期条件をゼロとして, 両辺の LT を求めると,

$$s^2 Y(s) + 3sY(s) + 2Y(s) = 2X(s)$$

$$\therefore \ H(s) = \frac{Y(s)}{X(s)} = \frac{2}{s^2 + 3s + 2}$$

$$\therefore \ h(t) = \mathcal{L}^{-1}\{H(s)\} = \mathcal{L}^{-1}\left\{\frac{2}{s^2 + 3s + 2}\right\} = \mathcal{L}^{-1}\left(\frac{2}{s+1} - \frac{2}{s+2}\right)$$

$$= 2\left(e^{-t} - e^{-2t}\right), \ t \geqq 0$$

入力が単位ステップ関数のとき, $X(s) = 1/s$ であるから, 単位ステップ応答 $y(t)$ は

$$y(t) = \mathcal{L}^{-1}\left\{\frac{2}{(s+1)(s+2)s}\right\}$$

$$= \mathcal{L}^{-1}\left\{\frac{1}{s} - \frac{2}{s+1} + \frac{1}{s+2}\right\} = 1 - 2e^{-t} + e^{-2t}$$

【3.6】

(a)

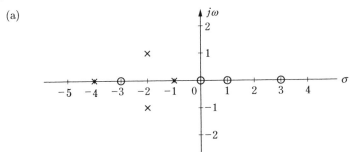

(b)　$k = 0$ のとき振動的, $k > 0$ のとき安定

■ 第 4 章 演習問題解答

【4.1】

(a) 1 kHz　(b) 1 kHz　(c) 2 kHz　(d) 4 kHz　(e) 8 kHz

【4.2】

式 (4.4) で $\omega = \omega + k\omega_s$ とおくと

$$X_s(\omega + k\omega_s) = \sum_{n=-\infty}^{\infty} x(nT)e^{-jn(\omega + k\omega_s)T}$$

$$= \sum_{n=-\infty}^{\infty} x(nT)e^{-jn\omega T} \cdot e^{-jnk\omega_s T}$$

ところが, $e^{-jnk\omega_s T} = e^{-j2\pi nk} = 1$

$$\therefore X_s(\omega + k\omega_s) = X_s(\omega)$$

【4.3】

$$\mathcal{F}[x_1(t)x_2(t)] = \int_{-\infty}^{\infty} x_1(t)x_2(t)e^{-j\omega t}dt$$

$$= \int_{-\infty}^{\infty} \left[\frac{1}{2\pi}\int_{-\infty}^{\infty} X_1(\lambda)e^{j\lambda t}d\lambda\right] x_2(t)e^{-j\omega t}dt$$

$$= \frac{1}{2\pi}\int_{-\infty}^{\infty} X_1(\lambda)\left[\int_{-\infty}^{\infty} x_2(t)e^{-j(\omega - \lambda)t}dt\right]d\lambda$$

$$= \frac{1}{2\pi}\int_{-\infty}^{\infty} X_1(\lambda)X_2(\omega - \lambda)d\lambda = \frac{1}{2\pi}X_1(\omega) * X_2(\omega)$$

$$\therefore x_1(t)x_2(t) \Leftrightarrow \frac{1}{2\pi}[X_1(\omega) * X_2(\omega)]$$

【4.4】   式 (4.2) 両辺の FT を求めると,

$$\mathcal{F}[x_s(t)] = \mathcal{F}\left[\sum_{n=-\infty}^{\infty} x(nT)\delta(t - nT)\right] = \mathcal{F}\left[x(t)\sum_{n=-\infty}^{\infty}\delta(t - nT)\right]$$

$$= \mathcal{F}\left[x(t)\frac{1}{T}\sum_{n=-\infty}^{\infty} e^{jn\omega_s t}\right] = \frac{1}{T}\sum_{n=-\infty}^{\infty}\mathcal{F}\left[x(t)e^{jn\omega_s t}\right]$$

式 (2.46) の周波数の推移から,

$$x(t)e^{j\omega_0 t} \Leftrightarrow X(\omega - \omega_0)$$

が成立するから

$$\therefore X_s(\omega) = \frac{1}{T}\sum_{n=-\infty}^{\infty} X(\omega - n\omega_s)$$

【4.5】

$$\int_{-\pi/T}^{\pi/T} e^{j\omega(t-nT)}d\omega = \frac{1}{j(t-nT)}\left[e^{j\omega(t-nT)}\right]_{-\pi/T}^{\pi/T}$$

$$= \frac{1}{j(t-nT)}\left(e^{j(t-nT)\pi/T} - e^{-j(t-nT)\pi/T}\right)$$

$$= \frac{2}{t-nT}\sin(t-nT)\pi/T$$

$$\frac{T}{2\pi}\cdot\frac{2}{t-nT}\sin(t-nT)\frac{\pi}{T} = \frac{\sin(t-nT)\pi/T}{(t-nT)\pi/T}$$

$$\therefore \quad x(t) = \sum_{n=-\infty}^{\infty} x(nT)\cdot\frac{\sin(t-nT)\pi/T}{(t-nT)\pi/T}$$

【4.6】

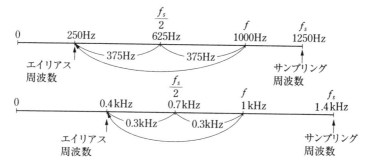

■ 第5章 演習問題解答

【5.1】　式 (5.9) において $x(n)$ が基本周期 N であれば

$$x(n+N) = A\cos\{(n+N)\Omega_0\} = A\cos(n\Omega_0 + N\Omega_0)$$

すなわち, $N\Omega_0 = 2m\pi$ を満たせば $x(n+N) = x(n)$ が成立する.　　　$\therefore \quad \dfrac{2\pi}{\Omega_0} = \dfrac{N}{m}$

　m と N は自然数であるから, $2\pi/\Omega_0$ が整数または有理数であれば $x(n)$ は周期的となる.

【5.2】

　方形パルス列 $P_N(n)$ は,

$$P_N(n) = u(n) - u(n-N)$$

と表すことができる. $u(n-N)$ は単位ステップ数列をシフトした数列で, 式 (5.27) の推移定理を用いて,

$$\mathcal{Z}[P_N(n)] = \mathcal{Z}[u(n)] - \mathcal{Z}[u(n-N)]$$
$$= \frac{1}{1-z^{-1}} - \frac{z^{-N}}{1-z^{-1}} = \frac{1-z^{-N}}{1-z^{-1}}$$

収束領域は原点 $z=0$ を除く全領域.

【5.3】

$$\sin(n\omega T) = \frac{1}{2j} \left(e^{jn\omega T} - e^{-jn\omega T} \right)$$

$$x(n) = \left\{ \frac{1}{2j} \left(e^{jn\omega T} - e^{-jn\omega T} \right) \right\} u(n)$$

$$X(z) = \frac{1}{2j} \left\{ \sum_{n=0}^{\infty} e^{jn\omega T} z^{-n} - \sum_{n=0}^{\infty} e^{-jn\omega T} z^{-n} \right\}$$

$$= \frac{1}{2j} \left\{ \sum_{n=0}^{\infty} \left(e^{j\omega T} z^{-1} \right)^n - \sum_{n=0}^{\infty} \left(e^{-j\omega T} z^{-1} \right)^n \right\}$$

式 (5.23) より,

$$X(z) = \frac{1}{2j} \left(\frac{1}{1 - e^{j\omega T} z^{-1}} - \frac{1}{1 - e^{-j\omega T} z^{-1}} \right)$$

$$= \frac{1}{2j} \cdot \frac{\left(e^{j\omega T} - e^{-j\omega T} \right) z^{-1}}{1 - \left(e^{j\omega T} + e^{-j\omega T} \right) z^{-1} + z^{-2}} = \frac{\sin(\omega T) z^{-1}}{1 - 2\cos(\omega T) z^{-1} + z^{-2}}$$

同様にして

$$\cos(n\omega T) = \frac{1}{2} \left(e^{jn\omega T} + e^{-jn\omega T} \right)$$

$$x(n) = \left\{ \frac{1}{2} \left(e^{jn\omega T} + e^{-jn\omega T} \right) \right\} u(n)$$

$$X(z) = \frac{1}{2} \left\{ \sum_{n=0}^{\infty} e^{jn\omega T} z^{-n} + \sum_{n=0}^{\infty} e^{-jn\omega T} z^{-n} \right\}$$

$$= \frac{1}{2} \left\{ \sum_{n=0}^{\infty} \left(e^{j\omega T} z^{-1} \right)^n + \sum_{n=0}^{\infty} \left(e^{-j\omega T} z^{-1} \right)^n \right\}$$

$$= \frac{1}{2} \left(\frac{1}{1 - e^{j\omega T} z^{-1}} + \frac{1}{1 - e^{-j\omega T} z^{-1}} \right)$$

$$= \frac{1}{2} \cdot \frac{2 - \left(e^{j\omega T} + e^{-j\omega T}\right)z^{-1}}{1 - \left(e^{j\omega T} + e^{-j\omega T}\right)z^{-1} + z^{-2}} = \frac{1 - \cos(\omega T)z^{-1}}{1 - 2\cos(\omega T)z^{-1} + z^{-2}}$$

【5.4】

$$\mathcal{Z}\left[e^{-anT}x(n)\right] = \sum_{n=0}^{\infty} e^{-anT}x(n)z^{-n} = \sum_{n=0}^{\infty} x(n)\left(e^{aT}z\right)^{-n}$$

$e^{aT}z = z_1$ とおけば

$$\sum_{n=0}^{\infty} x(n)\left(e^{aT}z\right)^{-n} = \sum_{n=0}^{\infty} x(n)z_1^{-n} = X(z_1) = X\left(e^{aT}z\right)$$

$$\therefore \ e^{-anT}x(n) \Leftrightarrow X\left(e^{at}z\right)$$

【5.5】 問題 5.3 より

$$\sin(n\omega T)u(n) \Leftrightarrow \frac{\sin(\omega T)z^{-1}}{1 - 2\cos(\omega T)z^{-1} + z^{-2}}$$

$$\cos(n\omega T)u(n) \Leftrightarrow \frac{1 - \cos(\omega T)z^{-1}}{1 - 2\cos(\omega T)z^{-1} + z^{-2}}$$

式 (5.28) より

$$e^{-anT}x(n) \Leftrightarrow X\left(e^{aT}z\right)$$

$$\therefore \ \mathcal{Z}\left[e^{-anT}\sin(n\omega T)\right] = \frac{e^{-aT}\sin(\omega T)z^{-1}}{1 - 2e^{-aT}\cos(\omega T)z^{-1} + e^{-2aT}z^{-2}}$$

$$\therefore \ \mathcal{Z}\left[e^{-anT}\cos(n\omega T)\right] = \frac{1 - e^{-aT}\cos(\omega T)z^{-1}}{1 - 2e^{-aT}\cos(\omega T)z^{-1} + e^{-2aT}z^{-2}}$$

【5.6】

$$X(z) = \frac{1}{1 - az^{-1}} = \frac{z}{z - a}, \quad |z| > |a|$$

$$x(n) = \frac{1}{2\pi j} \oint_C X(z)z^{n-1}dz = \frac{1}{2\pi j} \oint_C \frac{z^n}{z - a}dz$$

ここで閉積分路は $|a|$ より大きな半径の円で, $n \geqq 0$ に対して閉積分路内に $z = a$ に 1 つの極をもつから,

$$\frac{1}{2\pi j} \oint_C \frac{z^n}{z - a}dz = \mathrm{Res}\left[\frac{z^n}{z - a}, \ z = a\right] = a^n$$

$$\therefore \ x(n) = a^n, \ n \geqq 0$$

【5.7】

被積分関数 $X(z)z^{n-1}$ は,

$$X(z)z^{n-1} = \frac{z^n}{z-a} + \frac{z^n}{z-b}$$

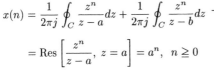

収束領域　　積分路 C

i)　$n \geqq 0$ のとき,積分路 C 内の極は a のみ
であるから,

$$x(n) = \frac{1}{2\pi j}\oint_C \frac{z^n}{z-a}dz + \frac{1}{2\pi j}\oint_C \frac{z^n}{z-b}dz$$

$$= \operatorname{Res}\left[\frac{z^n}{z-a},\ z=a\right] = a^n,\ \ n \geqq 0$$

ii)　$n < 0$ のとき,$n = -1$ で

$$x(-1) = \frac{1}{2\pi j}\oint_C \frac{dz}{z(z-a)} + \frac{1}{2\pi j}\oint_C \frac{dz}{z(z-b)}$$

$$= \operatorname{Res}\left[\frac{1}{z(z-a)},\ z=0\right] + \operatorname{Res}\left[\frac{1}{z(z-a)},\ z=a\right] + \operatorname{Res}\left[\frac{1}{z(z-b)},\ z=0\right]$$

$$= -a^{-1} + a^{-1} - b^{-1} = -b^{-1}$$

$n = -2$ で

$$x(-2) = \operatorname{Res}\left[\frac{1}{z^2(z-a)},\ z=0\right] + \operatorname{Res}\left[\frac{1}{z^2(z-a)},\ z=a\right]$$

$$+ \operatorname{Res}\left[\frac{1}{z^2(z-b)},\ z=0\right]$$

$$= \frac{1}{1!}\left[\frac{d}{dz}\left(\frac{1}{z-a}\right)\right]_{z=0} + a^{-2} + \frac{1}{1!}\left[\frac{d}{dz}\left(\frac{1}{z-b}\right),\ z=0\right]$$

$$= \left[\frac{-1}{(z-a)^2}\right]_{z=0} + a^{-2} + \left[\frac{-1}{(z-b)^2}\right]_{z=0}$$

$$= -a^{-2} + a^{-2} - b^{-2} = -b^{-2}$$

以下同様にして,　$x(-n) = -b^{-n}$

$$\therefore\ \ x(n) = a^n u(n) - b^n(-n-1)$$

【5.8】

(1)　$x(n) = 2 - 2\cdot 0.5^{n-1} = 2(1 - 0.5^{n-1}),\ n \geqq 1$

(2) $x(n) = 0.8(0.75^n - (-0.5)^n), \ n > 0$

(3) $x(n) = 2n + 1, \ n \geqq 0$

【5.9】

$$X(z) = \frac{4 - z^{-1}}{2 - 2z^{-1} + z^{-2}}$$

$$
\begin{array}{r}
2 + 1.5z^{-1} + 0.5z^{-2} - 0.25z^{-3} + \cdots\cdots \\
2 - 2z^{-1} + z^{-2} \overline{\smash{\big)}\ 4 \quad\ \ - z^{-1}} \\
\underline{4 \quad\ - 4z^{-1} + 2z^{-2}} \\
3z^{-1} - 2z^{-2} \\
\underline{3z^{-1} - 3z^{-2} + 1.5z^{-3}} \\
z^{-2} - 1.5z^{-3} \\
\underline{z^{-2} - 1.0z^{-3} + 0.5z^{-4}} \\
-0.5z^{-3} - 0.5z^{-4}
\end{array}
$$

$\therefore \ x(n) = 2\delta(n) + 1.5\delta(n-1) + 0.5\delta(n-2) - 0.25\delta(n-3) + \cdots\cdots$

■ 第 6 章 演習問題解答

【6.1】

$$y(n) = x(n) + by(n-1)$$

入力は, $x(n) = \delta(n)$

$$y(0) = \delta(0) + by(-1) = \delta(0) = 1$$

$$y(1) = \delta(1) + by(0) = b$$

$$y(2) = \delta(2) + by(1) = b^2$$

$$y(3) = \delta(3) + by(2) = b^3$$

$$\vdots$$

$$\therefore \ h(n) = b^n u(n)$$

【6.2】   式 (6.17) で $M = N = 2$ のとき,

$$y(n) = a_0 x(n) + a_1 x(n-1) + a_2 x(n-2) - b_1 y(n-1) - b_2 y(n-2)$$

両辺の ZT を求めると，

$$Y(z) = a_0 X(z) + a_1 z^{-1} X(z) + a_2 z^{-2} X(z) - b_1 z^{-1} Y(z) - b_2 z^{-2} Y(z)$$

$$\left(1 + b_1 z^{-1} + b_2 z^{-2}\right) Y(z) = \left(a_0 + a_1 z^{-1} + a_2 z^{-2}\right) X(z)$$

$$\therefore\ H(z) = \frac{Y(z)}{X(z)} = \frac{a_0 + a_1 z^{-1} + a_2 z^{-2}}{1 + b_1 z^{-1} + b_2 z^{-2}}$$

システム構成を**図 1** に示す.

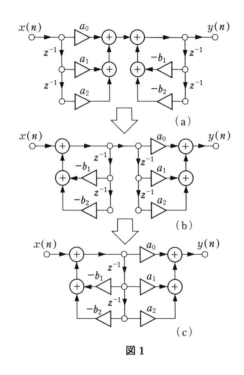

図 1

【6.3】

(1)　$H(z) = \dfrac{1}{1 - z^{-1} + 0.24 z^{-2}} = \dfrac{z^2}{z^2 - z + 0.24} = \dfrac{z^2}{(z - 0.4)(z - 0.6)}$

　　　$h(n) = 3\left\{(0.6)^n - \dfrac{2}{3}(0.4)^n\right\}$

(2)　$H(z) = \dfrac{1 + z^{-1}}{1 + 0.3 z^{-1} - 0.4 z^{-2}} = \dfrac{z^2 + z}{z^2 + 0.3 z - 0.4} = \dfrac{z^2 + z}{(z - 0.5)(z + 0.8)}$

　　　$h(n) = \dfrac{1}{1.3}\left\{1.5(0.5)^n - 0.2(-0.8)^n\right\}$

【6.4】

$$H(z) = \frac{1 + 0.5z^{-1}}{1 - z^{-1} + 0.25z^{-2}} = \frac{z^2 + 0.5z}{z^2 - z + 0.25}$$

$$h(n) = (2n+1)(0.5)^n$$

$$y(n) = 6 - 2n(0.5)^n - 5(0.5)^n$$

【6.5】

$$H(z) = 0.7 \cdot \frac{z^2 - 0.36}{z^2 + 0.1z - 0.72} = 0.7 \cdot \frac{1 - 0.36z^{-2}}{1 + 0.1z^{-1} - 0.72z^{-2}}$$

(1) 2次系：

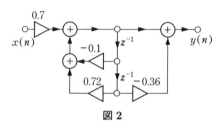

図 2

(2) 1次系の縦続接続：

$$H(z) = \frac{(1 + 0.6z^{-1})(1 - 0.6z^{-1})}{(1 + 0.9z^{-1})(1 - 0.8z^{-1})}$$

例えば $H_1(z) = \dfrac{1 + 0.6z^{-1}}{1 - 0.8z^{-1}}, \quad H_2(z) = \dfrac{1 - 0.6z^{-1}}{1 + 0.9z^{-1}}$

として，

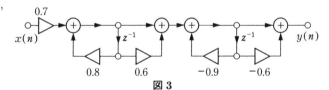

図 3

(3) 1次系の並列接続：部分分数展開法により，

$$\hat{H}(z) = \frac{H(z)}{z} = \frac{0.7(z + 0.6)(z - 0.6)}{z(z + 0.9)(z - 0.8)} = \frac{A}{z} + \frac{B}{z + 0.9} + \frac{C}{z - 0.8}$$

$$A = z \cdot \hat{H}(z)\Big|_{z=0} = 0.35$$

$$B = (z + 0.9)\hat{H}(z)\Big|_{z=-0.9} = 0.206$$

$$C = (z - 0.8)\hat{H}(z)\Big|_{z=0.8} = 0.144$$

$$\therefore \ H(z) = 0.35 + \frac{0.206z}{z + 0.9} + \frac{0.144z}{z - 0.8} = 0.35 + \frac{0.206}{1 + 0.9z^{-1}} + \frac{0.144}{1 - 0.8z^{-1}}$$

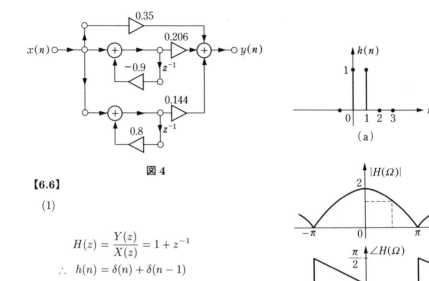

図 4

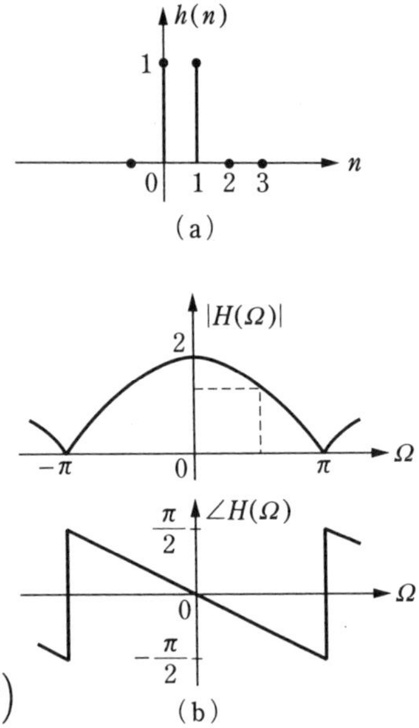

【6.6】

(1)

$$H(z) = \frac{Y(z)}{X(z)} = 1 + z^{-1}$$

$$\therefore \ h(n) = \delta(n) + \delta(n-1)$$

式 (6.38) より

$$H(\Omega) = 1 + e^{-j\Omega} = e^{-j\Omega/2}\left(e^{j\Omega/2} + e^{-j\Omega/2}\right)$$

$$= 2e^{-j\Omega/2}\cos\left(\frac{\Omega}{2}\right)$$

図 5

$$\therefore \ |H(\Omega)| = 2\cos\left(\frac{\Omega}{2}\right), \ (|\Omega| \leq \pi)$$

$$\angle H(\Omega) = -\frac{\Omega}{2}, \ -\pi < \Omega < \pi$$

図 5(a) にインパルス応答, 図 (b) に周波数特性を示す. 同図より, このシステムは低域 FIR フィルタの特性を示していることがわかる.

(2)

$$H(z) = \frac{Y(z)}{X(z)} = 1 - z^{-1} \quad \therefore \ h(n) = \delta(n) - \delta(n-1)$$

$$H(\Omega) = 1 - e^{-j\Omega} = e^{-j\Omega/2}\left(e^{j\Omega/2} - e^{-j\Omega/2}\right)$$

$$= j2e^{-j\Omega/2}\sin\left(\frac{\Omega}{2}\right)$$

$$= 2e^{j(\pi-\Omega)/2}\sin\left(\frac{\Omega}{2}\right)$$

$$\therefore \quad |H(\Omega)| = 2 \left| \sin \left(\frac{\Omega}{2} \right) \right|, \quad (|\Omega| \leq \pi)$$

$$\angle H(\Omega) = \begin{cases} \dfrac{\pi}{2} - \dfrac{\Omega}{2}, & 0 < \Omega \leq \pi \\ -\dfrac{\pi}{2} - \dfrac{\Omega}{2}, & -\pi \leq \Omega < 0 \end{cases}$$

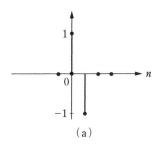

（a）

図 6(a) にインパルス応答, 図 (b) に周波数
特性を示す. このシステムは高域 FIR フィル
タの特性を示していることがわかる.

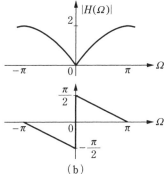

（b）

図 6

■ 第 7 章 演習問題解答

【7.1】

$$\mathcal{F}[x(n - n_0)] = \sum_{n=-\infty}^{\infty} x(n - n_0)e^{-jn\Omega}$$

$n - n_0 = m$ とおくと,

$$\sum_{n=-\infty}^{\infty} x(n - n_0)e^{-jn\Omega} = \sum_{m=-\infty}^{\infty} x(m)e^{-j(m+n_0)\Omega}$$

$$= e^{-jn_0\Omega} \sum_{m=-\infty}^{\infty} x(m)e^{-jm\Omega} = e^{-jn_0\Omega}X(\Omega)$$

$$\therefore \quad x(n - n_0) \Leftrightarrow e^{-jn_0\Omega}X(\Omega)$$

【7.2】

$$\mathcal{F}\left[e^{jn\Omega_0}x(n)\right] = \sum_{n=-\infty}^{\infty} e^{jn\Omega_0}x(n)e^{-jn\Omega}$$

$$= \sum_{n=-\infty}^{\infty} x(n)e^{-jn(\Omega-\Omega_0)} = X(\Omega - \Omega_0)$$

$$\therefore \quad e^{jn\Omega_0}x(n) \Leftrightarrow X(\Omega - \Omega_0)$$

【7.3】　図 (a) と (b) から次式のように書くことができる.

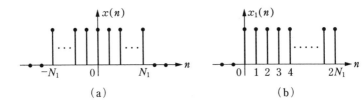

(a)   (b)

$$x(n) = x_1(n + N_1)$$

例題 6.4 の式 (6.45) において, $N = 2N_1 + 1$ とすると,

$$X_1(\Omega) = e^{-j\Omega N_1} \frac{\sin[\Omega(N_1 + 1/2)]}{\sin(\Omega/2)}$$

式 (7.12) の時間シフトの性質を用いて,

$$X(\Omega) = e^{j\Omega N_1} X_1(\Omega) = \frac{\sin[\Omega(N_1 + 1/2)]}{\sin(\Omega/2)}$$

【7.4】

$$\mathcal{F}[x(-n)] = \sum_{n=-\infty}^{\infty} x(-n)e^{-jn\Omega}$$

$-k = n$ とおいて,

$$\mathcal{F}[x(-n)] = \sum_{k=-\infty}^{\infty} x(k)e^{jk\Omega} = \sum_{k=-\infty}^{\infty} x(k)e^{-jk(-\Omega)} = X(-\Omega)$$

$$\therefore\ x(-n) \Leftrightarrow X(-\Omega)$$

【7.5】

$$\mathcal{F}[x^*(n)] = \sum_{n=-\infty}^{\infty} x^*(n)e^{-jn\Omega} = \left(\sum_{n=-\infty}^{\infty} x(n)e^{jn\Omega} \right)^*$$

$$= \left(\sum_{n=-\infty}^{\infty} x(n)e^{-jn(-\Omega)} \right)^* = X^*(-\Omega)$$

$$\therefore\ x^*(n) \Leftrightarrow X^*(-\Omega)$$

【7.6】　式 (6.9) より,

$$x_1(n) * x_2(n) = \sum_{k=-\infty}^{\infty} x_1(n)x_2(n - k)$$

$$\mathcal{F}[x_1(n) * x_2(n)] = \sum_{n=-\infty}^{\infty} \left[\sum_{k=-\infty}^{\infty} x_1(n)x_2(n - k) \right] e^{-jn\Omega}$$

総和の順序を交換すると，

$$\mathcal{F}[x_1(n) * x_2(n)] = \sum_{k=-\infty}^{\infty} x_1(k) \left[\sum_{n=-\infty}^{\infty} x_2(n-k)e^{-jn\Omega} \right]$$

$m = n - k$ とおくと，

$$= \sum_{k=-\infty}^{\infty} x_1(k) \left[\sum_{m=-\infty}^{\infty} x_2(m)e^{-j(m+k)\Omega} \right]$$

$$= \sum_{k=-\infty}^{\infty} x_1(k)e^{-jk\Omega} \sum_{m=-\infty}^{\infty} x_2(m)e^{-jm\Omega} = X_1(\Omega)X_2(\Omega)$$

$$\therefore \ x_1(n) * x_2(n) \Leftrightarrow X_1(\Omega)X_2(\Omega)$$

【7.7】　$x(n-m)_N = x(n-m)$ として，

$$\sum_{n=0}^{N-1} x(n-m)W_N^{kn} = \sum_{n=0}^{N-1} x(n-m)W_N^{k(n-m)}W_N^{km}$$

$n - m = n'$ とおくと，$n = 0$ で $n' = -m$，$n = N-1$ で $n' = N-1-m$ であるから，

$$\sum_{n=0}^{N-1} x(n-m)W_N^{k(n-m)}W_N^{km} = W_N^{km} \sum_{n'=-m}^{N-1-m} x(n')W_N^{kn'}$$

$$= W_N^{km} \left\{ \sum_{n'=-m}^{-1} x(n')W_N^{kn'} + \sum_{n'=0}^{N-1-m} x(n')W_N^{kn'} \right\}$$

ここで，$\ell = n' + N$ とおくと，{　} 内の第1項は，

$$\sum_{n'=-m}^{-1} x(n')W_N^{kn'} = \sum_{\ell=N-m}^{N-1} x(\ell-N)W_N^{k(\ell-N)}$$

ところが，$W_N^{k(\ell-N)} = W_N^{k\ell}$ と $x(n)$ の周期性 $x(\ell-N) = x(\ell)$ であるから，

$$\sum_{n'=-m}^{-1} x(n')W_N^{kn'} = \sum_{\ell=N-m}^{N-1} x(\ell)W_N^{k\ell} = \sum_{n=N-m}^{N-1} x(n)W_N^{kn}$$

したがって，

$$\sum_{n=0}^{N-1} x(n-m)W_N^{kn} = W_N^{km} \left\{ \sum_{n=0}^{N-m-1} x(n)W_N^{kn} + \sum_{n=N-m}^{N-1} x(n)W_N^{kn} \right\}$$

$$= W_N^{km} \sum_{n=0}^{N-1} x(n)W_N^{kn} = W_n^{km} X(k)$$

$$\therefore \quad x(n-m) \Leftrightarrow X(k)W_N^{km}$$

【7.8】

$$\sum_{n=0}^{N-1} x(-n)W_N^{kn} = \sum_{n=0}^{N-1} x(N-n)W_N^{kn}$$

$$= \sum_{n=0}^{N-1} x(N-n)W_N^{-k(N-n)}$$

$n' = N - n$ とおいて,

$$\sum_{n=0}^{N-1} x(N-n)W_N^{-k(N-n)} = \sum_{n'=N}^{1} x(n')W_N^{-kn'} = \sum_{n=1}^{N} x(n)W_N^{-kn}$$

$x(n)$ の周期性を考慮して,

$$\sum_{n=1}^{N} x(n)W_N^{-kn} = \sum_{n=0}^{N-1} x(n)W_N^{-kn} = X(-k) \quad \therefore \quad x(-n) \Leftrightarrow X(-k)$$

【7.9】

$$X(N-k) = \sum_{n=0}^{N-1} x(n) W_N^{(N-k)n} = \sum_{n=0}^{N-1} x(n)W_N^{-kn} = X(-k)$$

$x(n)$ が実数であれば, $x^*(n) = x(n)$ であるから,

$$\sum_{n=0}^{N-1} x(n)W_N^{-kn} = \left(\sum_{n=0}^{N-1} x(n)W_N^{kn} \right)^* = X^*(k)$$

$$\therefore \quad X^*(k) = X(-k) = X(N-k)$$

■ 第 8 章 演習問題解答

【8.1】 $W_N = e^{-j2\pi/N}$ に対して

$$W_N^{kn} = W_N^{kn \bmod(N)}$$

が成立する. $[kn \bmod(N)]$ とは, kn を
N で割ったときの剰余である. 例えば

$$W_8^{10} = W_8^2, \ W_8^{20} = W_8^4, \ W_8^{30} = W_8^6$$

$$W_8^{36} = W_8^{12} = W_8^4, \cdots\cdots$$

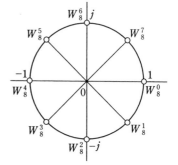

図 1

【8.2】

$$W_N^2 = e^{-j2\pi \cdot 2/N} = e^{-j2\pi/(N/2)}$$
$$= W_{N/2}$$

例えば

$$W_8^2 = W_4^1, \; W_8^4 = (W_8^2)^2 = W_4^2$$
$$W_8^6 = (W_8^2)^3 = W_4^3$$

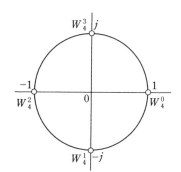

図 2

【8.3】

例えば

$$W_8^5 = -W_8^1, \; W_8^7 = -W_8^3$$

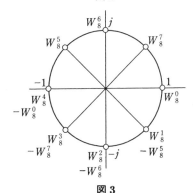

図 3

【8.4】

最終的な分解式は

$$
\begin{bmatrix} X(0) \\ X(1) \\ X(2) \\ X(3) \end{bmatrix}
=
\begin{bmatrix} 1 & 0 & 1 & 0 \\ 0 & 1 & 0 & 1 \\ 1 & 0 & -1 & 0 \\ 0 & 1 & 0 & -1 \end{bmatrix}
\begin{bmatrix} 1 & 0 & 0 & 0 \\ 0 & 1 & 0 & 0 \\ 0 & 0 & W^0 & 0 \\ 0 & 0 & 0 & W^1 \end{bmatrix}
\begin{bmatrix} 1 & 1 & 0 & 0 \\ 1 & -1 & 0 & 0 \\ 0 & 0 & 1 & 1 \\ 0 & 0 & 1 & -1 \end{bmatrix}
\begin{bmatrix} x(0) \\ x(2) \\ x(1) \\ x(3) \end{bmatrix}
$$

信号流れ図を **図 4** に示す.

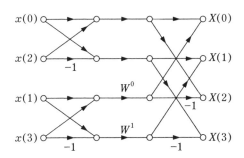

図 4

【8.5】

$$
\begin{bmatrix} X(0) \\ X(1) \\ X(2) \\ X(3) \end{bmatrix} = \begin{bmatrix} W_4^0 & W_4^0 & W_4^0 & W_4^0 \\ W_4^0 & W_4^1 & W_4^2 & W_4^3 \\ W_4^0 & W_4^2 & W_4^4 & W_4^6 \\ W_4^0 & W_4^3 & W_4^6 & W_4^9 \end{bmatrix} \begin{bmatrix} x(0) \\ x(1) \\ x(2) \\ x(3) \end{bmatrix} = \begin{bmatrix} 1 & 1 & 1 & 1 \\ 1 & -j & -1 & j \\ 1 & -1 & 1 & -1 \\ 1 & j & -1 & -j \end{bmatrix} \begin{bmatrix} 1 \\ 1 \\ 0 \\ 0 \end{bmatrix}
$$

$$
= \begin{bmatrix} 2 \\ 1-j \\ 0 \\ 1+j \end{bmatrix}
$$

$|X(k)|$ を**図 5** に示す.

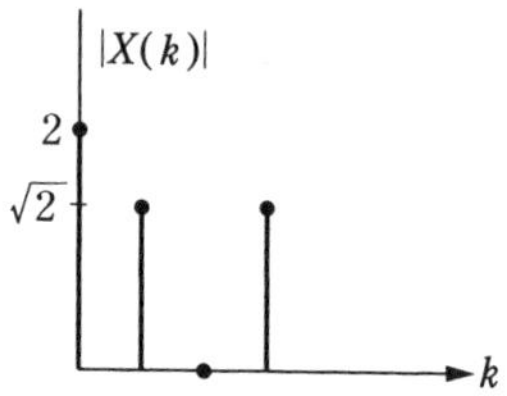

図 5

■ 第9章 演習問題解答

【9.1】　$h(n)$ は実数であるから, $h(n) = h^*(n)$ が成立し,

$$
H^*(\Omega) = \left\{ \sum_{n=0}^{N-1} h(n)e^{-jn\Omega} \right\}^* = \sum_{n=0}^{N-1} h^*(n)e^{jn\Omega}
$$

$$
= \sum_{n=0}^{N-1} h(n)e^{jn\Omega} = H(-\Omega) \quad \therefore \quad H^*(\Omega) = H(-\Omega)
$$

式 (9.6) より,

$$
H^*(\Omega) = |H(\Omega)|e^{-j\angle H(\Omega)}
$$

$$
H(-\Omega) = |H(-\Omega)|e^{j\angle H(-\Omega)}
$$

ところが, $H^*(\Omega) = H(-\Omega)$ であるから,

$$
|H(\Omega)|e^{-j\angle H(\Omega)} = |H(-\Omega)|e^{j\angle H(-\Omega)}
$$

ゆえに

$$
|H(\Omega)| = |H(-\Omega)|, \quad \angle H(\Omega) = -\angle H(-\Omega)
$$

【9.2】
1)　$N = 8$ のとき,

$$
H(z) = \sum_{n=0}^{N-1} h(n)z^{-n} = \sum_{n=0}^{7} h(z)z^{-n}
$$

$$= h(0) + h(1)z^{-1} + h(2)z^{-2}$$

$$+ h(3)z^{-3} + h(4)z^{-4} + h(5)z^{-5}$$

$$+ h(6)z^{-6} + h(7)z^{-7}$$

$$= h(0)(1 + z^{-7}) + h(1)(z^{-1} + z^{-6})$$

$$+ h(2)(z^{-2} + z^{-5}) + h(3)(z^{-3} + z^{-4})$$

$$= \sum_{n=0}^{3} h(n) \left[z^{-n} + z^{-(7-n)} \right]$$

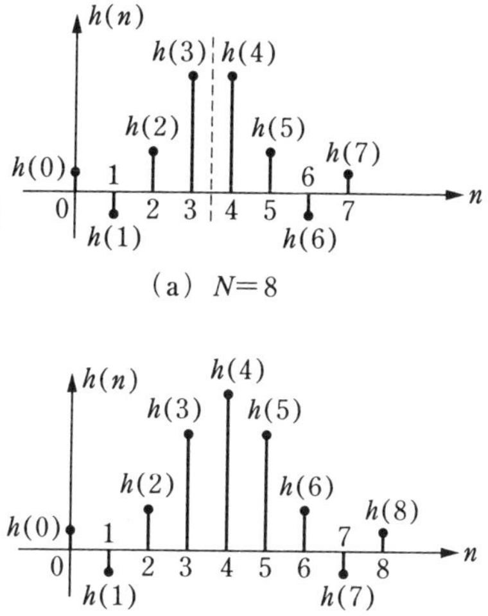

（a）N＝8

2)　　$N = 9$ のとき，

$$H(z) = \sum_{n=0}^{N-1} h(n)z^{-1} = \sum_{n=0}^{8} h(z)z^{-n}$$

$$= h(0) + h(1)z^{-1} + h(2)z^{-2}$$

$$+ h(3)z^{-3} + h(4)z^{-4} + h(5)z^{-5}$$

$$+ h(6)z^{-6} + h(7)z^{-7} + h(8)z^{-8}$$

（b）N＝9

図 1

$$= h(0) \left(1 + z^{-8} \right) + h(1) \left(z^{-1} + z^{-7} \right) + h(2) \left(z^{-2} + z^{-6} \right)$$

$$+ h(3) \left(z^{-3} + z^{-5} \right) + h(4)z^{-4}$$

$$= \sum_{n=0}^{3} h(n) \left[z^{-n} + z^{-(8-n)} \right] + h(4)z^{-4}$$

【9.3】

1)　　N が偶数のとき，

$$H(z) = \sum_{n=0}^{N/2-1} h(n) \left[z^{-n} + z^{-(N-1-n)} \right]$$

式 (6.38) より，$z = e^{j\Omega}$ とおいて，

$$H \left(e^{j\Omega} \right) = \sum_{n=0}^{N/2-1} h(n) \left[e^{-jn\Omega} + e^{-j(N-1-n)\Omega} \right] = H(\Omega)$$

$$e^{-jn\Omega} + e^{-j(N-1-n)\Omega} = e^{-j(N-1)\Omega/2} \left[e^{j(N-1)\Omega/2} \cdot e^{-jn\Omega} + e^{-j(N-1)\Omega/2} \cdot e^{jn\Omega} \right]$$

$$= e^{-j(N-1)\Omega/2} \left[e^{j(n-(N-1)/2)\Omega} + e^{-j(n-(N-1)/2)\Omega} \right]$$

$$= e^{-j(N-1)\Omega/2} \cdot 2\cos\left(n - \frac{N-1}{2}\right)\Omega$$

$$\therefore\ H(\Omega) = e^{-j(N-1)\Omega/2} \sum_{n=0}^{N/2-1} 2h(n)\cos\left(n - \frac{N-1}{2}\right)\Omega$$

2)　N が奇数のとき，

$$H(z) = \sum_{n=0}^{N/2-1} h(n)\left[z^{-n} + z^{-(N-1-n)}\right] + h\left(\frac{N-1}{2}\right)z^{-(N-1)/2}$$

同様にして，

$$H\left(e^{j\Omega}\right) = \sum_{n=0}^{(N-1)/2-1} h(n)\left[e^{-jn\Omega} + e^{-j(N-1-n)\Omega}\right] + h\left(\frac{N-1}{2}\right)e^{-j(N-1)\Omega/2}$$

$$= e^{-j(N-1)\Omega/2}\left[h\left(\frac{N-1}{2}\right) + \sum_{n=0}^{(N-3)/2} 2h(n)\cos\left(n - \frac{N-1}{2}\right)\Omega\right]$$

(注)　$\cos\left(n - \dfrac{N-1}{2}\right)\Omega = \cos\left(\dfrac{N-1}{2} - n\right)\Omega$

【9.4】

$$h_d(n) = \frac{1}{2\pi}\int_{-\pi}^{\pi} H_d(\Omega)\,e^{jn\Omega}d\Omega$$

$$= \frac{1}{2\pi}\left\{\int_{-\pi}^{-\Omega_c} e^{jn\Omega}d\Omega + \int_{\Omega_c}^{\pi} e^{jn\Omega}d\Omega\right\}$$

$$= \frac{1}{2\pi}\cdot\frac{-1}{jn}\{e^{jn\Omega_c} - e^{-jn\Omega_c}) = -\frac{\Omega_c}{\pi}\cdot\frac{\sin n\Omega_c}{n\Omega_c}$$

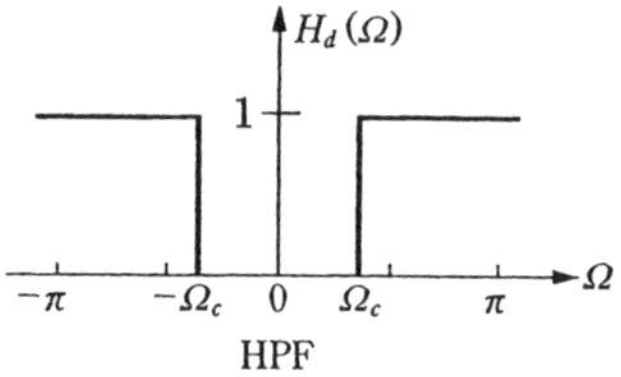

HPF

図 2

$$h_d(0) = \frac{1}{2\pi}\left\{\int_{-\pi}^{-\Omega_c} d\Omega + \int_{\Omega_c}^{\pi} d\Omega\right\}$$

$$= \frac{1}{2\pi}(2\pi - 2\Omega_c) = 1 - \frac{\Omega_c}{\pi}$$

【9.5】

$$h_d(n) = \frac{1}{2\pi}\left\{\int_{-\Omega_{c_2}}^{-\Omega_{c_1}} e^{jn\Omega}d\Omega + \int_{\Omega_{c_1}}^{\Omega_{c_2}} e^{jn\Omega}d\Omega\right\}$$

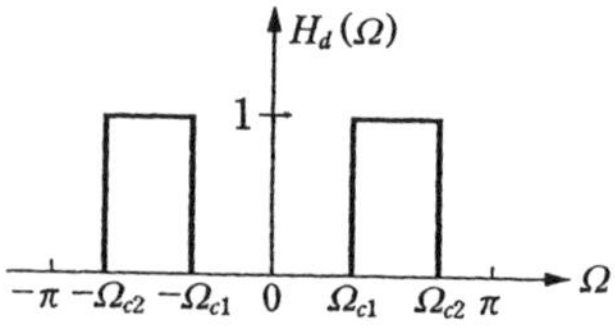

図 3

$$= \frac{1}{n\pi}\cdot\frac{1}{2j}\left\{e^{jn\Omega_{c_2}} - e^{-jn\Omega_{c_2}} - \left(e^{jn\Omega_{c_1}} - e^{-jn\Omega_{c_1}}\right)\right\}$$

$$= \frac{1}{n\pi}(\sin n\Omega_{c_2} - \sin n\Omega_{c_1}) = \frac{\Omega_{c_2}}{\pi}\cdot\frac{\sin n\Omega_{c_2}}{n\Omega_{c_2}} - \frac{\Omega_{c_1}}{\pi}\cdot\frac{\sin n\Omega_{c_1}}{n\Omega_{c_1}}$$

$$h_d(0) = \frac{1}{2\pi} \left\{ \int_{-\Omega_{c_2}}^{-\Omega_{c_1}} d\Omega + \int_{\Omega_{c_1}}^{\Omega_{c_2}} d\Omega \right\} = \frac{1}{\pi}(\Omega_{c_2} - \Omega_{c_1})$$

【9.6】

$$h_d(n) = \frac{1}{2\pi} \left\{ \int_{-\pi}^{-\Omega_{c_2}} e^{jn\Omega} d\Omega + \int_{-\Omega_{c_1}}^{\Omega_{c_1}} e^{jn\Omega} d\Omega + \int_{\Omega_{c_2}}^{\pi} e^{jn\Omega} d\Omega \right\}$$

$$= \frac{1}{2\pi} \cdot \frac{1}{jn} \left\{ \left(e^{jn\Omega_{c_1}} - e^{-jn\Omega_{c_1}}\right) - \left(e^{jn\Omega_{c_2}} - e^{-jn\Omega_{c_2}}\right) \right\}$$

$$= \frac{1}{n\pi}(\sin n\Omega_{c_1} - \sin n\Omega_{c_2}) = \frac{\Omega_{c_1}}{\pi} \frac{\sin n\Omega_{c_1}}{n\Omega_{c_1}} - \frac{\Omega_{c_2}}{\pi} \cdot \frac{\sin n\Omega_{c_2}}{n\Omega_{c_2}}$$

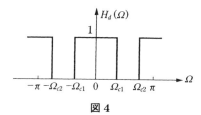

図 4

$$h_d(0) = \frac{1}{2\pi} \left\{ \int_{-\pi}^{-\Omega_{c_2}} d\Omega + \int_{-\Omega_{c_1}}^{\Omega_{c_1}} d\Omega + \int_{\Omega_{c_2}}^{\pi} d\Omega \right\}$$

$$= \frac{1}{2\pi}(2\pi - 2(\Omega_{c_2} - \Omega_{c_1})) = 1 - \frac{1}{\pi}(\Omega_{c_2} - \Omega_{c_1})$$

■ 第 10 章 演習問題解答

【10.1】

$$G(j\omega) = G_R(\omega) + jG_I(\omega)$$

とおけば,

$$G_R(\omega) = G_R(-\omega), \quad G_I(\omega) = -G_I(-\omega)$$

$$G(-j\omega) = G_R(-\omega) + jG_I(-\omega) = G_R(\omega) - jG_I(\omega) = G^*(j\omega)$$

$$\therefore \; G(-j\omega) = G^*(j\omega)$$

$$\therefore \; G(j\omega) \cdot G^*(j\omega) = G_R^2(\omega) + G_I^2(\omega) = |G(j\omega)|^2$$

$s = j\omega$ の関係を考慮して,

$$|G(j\omega)|^2 = G(s)G(-s)\Big|_{s=j\omega}$$

【10.2】 式 (10.7) より,

$$1 + \varepsilon^2 \left(\frac{s}{j\omega_c} \right)^{2N} = 0$$

$$\varepsilon^2 \left(\frac{s}{j\omega_c} \right)^{2N} = -1, \quad \left(\frac{s}{j\omega_c} \right)^{2N} = (-1)\varepsilon^{-2}, \quad \frac{s}{j\omega_c} = (-1)^{1/2N}\varepsilon^{-1/N}$$

$$\therefore \ s = j\omega_c \varepsilon^{-1/N}(-1)^{1/2N}$$

ここで, $-1 = e^{j\pi(2k-1)}, \quad k = 1, 2, \cdots\cdots, 2N$

$$j = e^{j\pi/2} = e^{j\pi N/2N} \quad \therefore \ j(-1)^{1/2N} = e^{j(2k+N-1)\pi/2N}$$

$$\therefore \ s_k = \omega_c \varepsilon^{-1/N} e^{j(2k+N-1)\pi/2N}$$

$$= R(\cos\theta_k + j\sin\theta_k) \quad (k = 1, 2, \cdots\cdots, 2N)$$

ただし $\quad R = \omega_c \varepsilon^{-1/N}, \quad \theta_k = \dfrac{2k+N-1}{2N}\pi$

【10.3】

$$|G(j\omega)|^2 = \frac{1}{1 + \varepsilon^2(\omega_r/\omega_c)^{2N}} \leqq \frac{1}{1 + \lambda^2}$$

$$\lambda^2 \leqq \varepsilon^2 \left(\frac{\omega_r}{\omega_c} \right)^{2N}, \quad \left(\frac{\lambda}{\varepsilon} \right)^2 \leqq \left(\frac{\omega_r}{\omega_c} \right)^{2N}, \quad \frac{\lambda}{\varepsilon} \leqq \left(\frac{\omega_r}{\omega_c} \right)^{N}$$

$$\log\left(\frac{\lambda}{\varepsilon} \right) \leqq N\log\left(\frac{\omega_r}{\omega_c} \right) \quad \therefore \ N \geqq \frac{\log(\lambda/\varepsilon)}{\log(\omega_r/\omega_c)}$$

【10.4】

1) $N = 1$ のとき, $\theta_1 = \pi$

$$s_1 = \omega_c \varepsilon^{-1/N}(\cos\pi + j\sin\pi) = -\omega_c \varepsilon^{-1/N} = -R$$

ただし, $R = \omega_c \varepsilon^{-1/N}$

$$G_1(s) = \frac{-s_1}{s - s_1} = \frac{R}{s + R}$$

2) $N = 2$ のとき, $\theta_1 = \dfrac{3}{4}\pi, \ \theta_2 = \dfrac{5}{4}\pi$

$$s_1 = R\left(\cos\frac{3}{4}\pi + j\sin\frac{3}{4}\pi \right)$$

$$s_2 = R\left(\cos\frac{4}{5}\pi + j\sin\frac{4}{5}\pi \right) = R\left(\cos\frac{3}{4}\pi - j\sin\frac{3}{4}\pi \right) = s_1^{\ *}$$

$$G_2(s) = \frac{s_1 s_2}{(s - s_1)(s - s_2)} = \frac{s_1 s_1^*}{(s - s_1)(s - s_1^*)}$$

$$= \frac{R^2 \left(\cos \frac{3}{4}\pi + j \sin \frac{3}{4}\pi\right) \left(\cos \frac{3}{4}\pi - j \sin \frac{3}{4}\pi\right)}{\left\{s - R\left(\cos \frac{3}{4}\pi + j \sin \frac{3}{4}\pi\right)\right\} \left\{s - R\left(\cos \frac{3}{4}\pi - j \sin \frac{3}{4}\pi\right)\right\}}$$

$$= \frac{R^2}{s^2 - 2R \cos\left(\frac{3}{4}\pi\right) s + R^2}$$

3)　　$N = 3$ のとき, $\theta_1 = \frac{2}{3}\pi$, $\theta_2 = \pi$, $\theta_3 = \frac{4}{3}\pi$

$$s_1 = R\left(\cos \frac{2}{3}\pi + j \sin \frac{2}{3}\pi\right)$$

$$s_2 = R(\cos \pi + j \sin \pi) = -R$$

$$s_3 = R\left(\cos \frac{4}{3}\pi + j \sin \frac{4}{3}\pi\right) = R\left(\cos \frac{2}{3}\pi - j \sin \frac{2}{3}\pi\right) = s_1^*$$

$$\therefore \quad G_3(s) = \frac{-s_1 s_2 s_3}{(s - s_1)(s - s_2)(s - s_3)} = \frac{-s_2}{s - s_2} \cdot \frac{s_1 s_1^*}{(s - s_1)(s - s_1^*)}$$

$$= \frac{R}{s + R} \cdot \frac{R^2 \left(\cos \frac{2}{3}\pi + j \sin \frac{2}{3}\pi\right) \left(\cos \frac{2}{3}\pi - j \sin \frac{2}{3}\pi\right)}{\left\{s - R\left(\cos \frac{2}{3}\pi + j \sin \frac{2}{3}\pi\right)\right\} \left\{s - R\left(\cos \frac{2}{3}\pi - j \sin \frac{2}{3}\pi\right)\right\}}$$

$$= \frac{R}{s + R} \cdot \frac{R^2}{s^2 - 2R \cos\left(\frac{2}{3}\pi\right) s + R^2}$$

4)　　$N = 4$ のとき, $\theta_1 = \frac{5}{8}\pi$, $\theta_2 = \frac{7}{8}\pi$, $\theta_3 = \frac{9}{8}\pi$, $\theta_4 = \frac{11}{8}\pi$

$$s_1 = R\left(\cos \frac{5}{8}\pi + j \sin \frac{5}{8}\pi\right)$$

$$s_2 = R\left(\cos \frac{7}{8}\pi + j \sin \frac{7}{8}\pi\right)$$

$$s_3 = R\left(\cos \frac{9}{8}\pi + j \sin \frac{9}{8}\pi\right) = R\left(\cos \frac{7}{8}\pi - j \sin \frac{7}{8}\pi\right) = s_2^*$$

$$s_4 = R\left(\cos \frac{11}{8}\pi + j \sin \frac{11}{8}\pi\right) = R\left(\cos \frac{5}{8}\pi - j \sin \frac{5}{8}\pi\right) = s_1^*$$

$$\therefore \quad G_4(s) = \frac{s_1 s_2 s_3 s_4}{(s - s_1)(s - s_2)(s - s_3)(s - s_4)} = \frac{s_1 s_1^* s_2 s_2^*}{(s - s_1)(s - s_1^*)(s - s_2)(s - s_2^*)}$$

$$= \frac{R^2}{s^2 - 2R \cos\left(\frac{5}{8}\pi\right) s + R^2} \cdot \frac{R^2}{s^2 - 2R \cos\left(\frac{7}{8}\pi\right) s + R^2}$$

【10.5】

式 (10.18) より,

$$1 + \varepsilon^2 C_N^2 \left(\frac{s}{j\omega_c} \right) = 0$$

$$C_N^2 \left(\frac{s}{j\omega_c} \right) = -\frac{1}{\varepsilon^2}, \quad C_N \left(\frac{s}{j\omega_c} \right) = \pm \frac{j}{\varepsilon}$$

式 (10.14) より,

$$C_N(\omega) = \begin{cases} \cos \left(N \cos^{-1} \omega \right), & |\omega| \leqq 1 \\ \cosh \left(N \cosh^{-1} \omega \right), & |\omega| > 1 \end{cases}$$

$|\omega| \leqq 1$ の場合を考えると,

$$C_N \left(\frac{s}{j\omega_c} \right) = \cos \left[N \cos^{-1} \left(\frac{s}{j\omega_c} \right) \right] = \pm \frac{j}{\varepsilon}$$

$$= \cos(Nw)$$

ここで, $\cos^{-1} \left(\dfrac{s}{j\omega_c} \right) = w = u + jv$ とおくと

$$\cos(Nw) = \cos(Nu + jNv)$$

$$= \cos(Nu) \cdot \cos(jNv) - \sin(Nu) \cdot \sin(jNv)$$

$$= \cos(Nu) \cdot \cosh(Nv) - j \sin(Nu) \cdot \sinh(Nv)$$

$$= 0 + j\frac{1}{\varepsilon}$$

$\cos(Nw)$ の実数部はゼロ, ところが $\cosh(Nv)$ は最小値が 1 であり, ゼロになり得ない.

$$\therefore \quad \cos(Nu) = 0, \quad u_k = \frac{2k-1}{N} \cdot \frac{\pi}{2}, \quad k = 1, 2, \cdots\cdots, 2N$$

この u_k の値に対して,

$$\sin(Nu_k) = \sin \left[(2k-1)\frac{\pi}{2} \right] = \pm 1$$

$$\therefore \quad \sinh(Nv_k) = \pm \frac{1}{\varepsilon}$$

$$Nv_k = \sinh^{-1} \left(\pm \frac{1}{\varepsilon} \right) = \pm \sinh^{-1} \left(\frac{1}{\varepsilon} \right)$$

$$\therefore \quad v_k = \pm \frac{1}{N} \sinh^{-1} \left(\frac{1}{\varepsilon} \right) = \pm \alpha$$

$$w = \cos^{-1} \left(\frac{s}{j\omega_c} \right), \quad \frac{s}{j\omega_c} = \cos w \quad \therefore \quad s = j\omega_c \cos w$$

$w_k = u_k + jv_k$ のおのおのの値に対して，対応する s の値は，

$$s_k = j\omega_c \cos w_k = j\omega_c \cos(u_k + jv_k)$$
$$= j\omega_c[\cos u_k \cdot \cos(jv_k) - \sin u_k \cdot \sin(jv_k)]$$
$$= j\omega_c(\cos u_k \cdot \cosh v_k - j\sin u_k \cdot \sinh v_k)$$
$$= \omega_c(\sinh\alpha \cdot \sin u_k + j\cosh\alpha \cdot \cos u_k)$$
$$= \sigma_k + j\omega_k$$

s_k は左半平面になければならないから，

$$\sigma_k = -\omega_c \sinh\alpha \cdot \sin u_k, \quad \omega_k = \omega_c \cosh\alpha \cdot \cos u_k$$

$$-\sin u_k = -\sin\left(\frac{2k-1}{N} \cdot \frac{\pi}{2}\right) = \cos\left(\frac{2k-1}{N} \cdot \frac{\pi}{2} + \frac{\pi}{2}\right)$$
$$= \cos\left(\frac{2k+N-1}{2N}\pi\right) = \cos\theta_k$$
$$\cos u_k = \cos\left(\frac{2k-1}{N} \cdot \frac{\pi}{2}\right) = \sin\left(\frac{2k-1}{N} \cdot \frac{\pi}{2} + \frac{\pi}{2}\right)$$
$$= \sin\left(\frac{2k+N-1}{2N}\pi\right) = \sin\theta_k$$
$$\therefore \quad s_k = \omega_c(\sinh\alpha \cdot \cos\theta_k + j\cosh\alpha \cdot \sin\theta_k)$$

ただし，　$\theta_k = \frac{2k+N-1}{2N}\pi, \quad k = 1, 2, \cdots\cdots, N$

【10.6】

式 (10.22) より，

$$|G(j\omega)|^2 = \frac{1}{1 + \varepsilon^2 C_N^2(\omega_r/\omega_c)} \leqq \frac{1}{1 + \lambda^2}$$

$$\varepsilon^2 C_N^2\left(\frac{\omega_r}{\omega_c}\right) \geqq \lambda^2, \quad C_N^2\left(\frac{\omega_r}{\omega_c}\right) \geqq \left(\frac{\lambda}{\varepsilon}\right)^2, \quad C_N\left(\frac{\omega_r}{\omega_c}\right) \geqq \frac{\lambda}{\varepsilon}$$

$\frac{\omega_r}{\omega_c} > 1$ であるから，

$$C_N\left(\frac{\omega_r}{\omega_c}\right) = \cosh\left[N\cosh^{-1}\left(\frac{\omega_r}{\omega_c}\right)\right]$$

$$\therefore \quad \cosh\left[N\cosh^{-1}\left(\frac{\omega_r}{\omega_c}\right)\right] \geqq \frac{\lambda}{\varepsilon}$$

$$N\cosh^{-1}\left(\frac{\omega_r}{\omega_c}\right) \geqq \cosh^{-1}\left(\frac{\lambda}{\varepsilon}\right) \quad \therefore \quad N \geqq \frac{\cosh^{-1}(\lambda/\varepsilon)}{\cosh^{-1}(\omega_r/\omega_c)}$$

【10.7】

1) $N = 1$ のとき，$\theta_1 = \pi$

$$s_1 = \omega_c(\sinh\alpha \cdot \cos\pi + j\cosh\alpha \cdot \sin\pi) = -\omega_c\sinh\alpha$$

$$\therefore\ G_1(s) = \frac{-s_1}{s - s_1} = \frac{\omega_c\sinh\alpha}{s + \omega_c\sinh\alpha}$$

2) $N = 2$ のとき，$\theta_1 = \dfrac{3}{4}\pi,\ \ \theta_2 = \dfrac{5}{4}\pi$

$$s_1 = \omega_c\left(\sinh\alpha \cdot \cos\frac{3}{4}\pi + j\cosh\alpha \cdot \sin\frac{3}{4}\pi\right)$$

$$s_2 = \omega_c\left(\sinh\alpha \cdot \cos\frac{5}{4}\pi + j\cosh\alpha \cdot \sin\frac{5}{4}\pi\right)$$

$$= \omega_c\left(\sinh\alpha \cdot \cos\frac{3}{4}\pi - j\cosh\alpha \cdot \sin\frac{3}{4}\pi\right) = s_1^{*}$$

$$\therefore\ G_2(s) = \frac{1}{\sqrt{1+\varepsilon^2}} \cdot \frac{s_1 s_1^{*}}{(s - s_1)(s - s_1^{*})}$$

$$= \frac{1}{\sqrt{1+\varepsilon^2}} \cdot \frac{\omega_c\left(\sinh\alpha \cdot \cos\frac{3}{4}\pi + j\cosh\alpha \cdot \sin\frac{3}{4}\pi\right)}{\left\{s - \omega_c\left(\sinh\alpha \cdot \cos\frac{3}{4}\pi + j\cosh\alpha \cdot \sin\frac{3}{4}\pi\right)\right\}}$$

$$\times\ \frac{\omega_c\left(\sinh\alpha \cdot \cos\frac{3}{4}\pi - j\cosh\alpha \cdot \sin\frac{3}{4}\pi\right)}{\left\{s - \omega_c\left(\sinh\alpha \cdot \cos\frac{3}{4}\pi - j\cosh\alpha \cdot \sin\frac{3}{4}\pi\right)\right\}}$$

$$= \frac{1}{\sqrt{1+\varepsilon^2}} \cdot \frac{\omega_c{}^2 b(1)}{s^2 - 2\omega_c a(1)s + \omega_c{}^2 b(1)}$$

ただし，$a(1) = \sinh\alpha \cdot \cos\dfrac{3}{4}\pi$

$$b(1) = \left(\sinh\alpha \cdot \cos\frac{3}{4}\pi\right)^2 + \left(\cosh\alpha \cdot \sin\frac{3}{4}\pi\right)^2$$

3) $N = 3$ のとき，$\theta_1 = \dfrac{2}{3}\pi,\ \ \theta_2 = \pi,\ \ \theta_3 = \dfrac{4}{3}\pi$

$$s_1 = \omega_c\left(\sinh\alpha \cdot \cos\frac{2}{3}\pi + j\cosh\alpha \cdot \sin\frac{2}{3}\pi\right)$$

$$s_2 = \omega_c(\sinh\alpha \cdot \cos\pi + j\cosh\alpha \cdot \sin\pi) = -\omega_c\sinh\alpha$$

$$s_3 = \omega_c\left(\sinh\alpha \cdot \cos\frac{4}{3}\pi - j\cosh\alpha \cdot \sin\frac{4}{3}\pi\right)$$

$$= \omega_c\left(\sinh\alpha \cdot \cos\frac{2}{3}\pi - j\cosh\alpha \cdot \sin\frac{2}{3}\pi\right) = s_1^{*}$$

$$\therefore \quad G_3(s) = \frac{s_1 s_2 s_1^{\ *}}{(s - s_1)(s - s_2)(s - s_1^{\ *})}$$

$$= \frac{\omega_c \sinh \alpha}{s + \omega_c \sinh \alpha} \cdot \frac{\omega_c^{\ 2} b(1)}{s^2 - 2\omega_c a(1)s + \omega_c^{\ 2} b(1)}$$

ただし，　$a(1) = \sinh \alpha \cdot \cos \frac{2}{3}\pi$

$$b(1) = \left(\sinh \alpha \cdot \cos \frac{2}{3}\pi \right)^2 + \left(\cosh \alpha \cdot \sin \frac{2}{3}\pi \right)^2$$

4)　　$N = 4$ のとき, $\theta_1 = \frac{5}{8}\pi,\ \theta_2 = \frac{7}{8}\pi,\ \theta_3 = \frac{9}{8}\pi\ \theta_4 = \frac{11}{8}\pi$

$$s_1 = \omega_c \left(\sinh \alpha \cdot \cos \frac{5}{8}\pi + j \cosh \alpha \cdot \sin \frac{5}{8}\pi \right)$$

$$s_2 = \omega_c \left(\sinh \alpha \cdot \cos \frac{7}{8}\pi + j \cosh \alpha \cdot \sin \frac{7}{8}\pi \right)$$

$$s_3 = \omega_c \left(\sinh \alpha \cdot \cos \frac{9}{8}\pi + j \cosh \alpha \cdot \sin \frac{9}{8}\pi \right)$$

$$= \omega_c \left(\sinh \alpha \cdot \cos \frac{7}{8}\pi - j \cosh \alpha \cdot \sin \frac{7}{8}\pi \right) = s_2^{\ *}$$

$$s_4 = \omega_c \left(\sinh \alpha \cdot \cos \frac{11}{8}\pi + j \cosh \alpha \cdot \sin \frac{11}{8}\pi \right)$$

$$= \omega_c \left(\sinh \alpha \cdot \cos \frac{5}{8}\pi - j \cosh \alpha \cdot \sin \frac{5}{8}\pi \right) = s_1^{\ *}$$

$$\therefore \quad G_4(s) = \frac{1}{\sqrt{1 + \varepsilon^2}} \cdot \frac{s_1 s_1^{\ *} s_2 s_2^{\ *}}{(s - s_1)(s - s_1^{\ *})(s - s_2)(s - s_2^{\ *})}$$

$$= \frac{1}{\sqrt{1 + \varepsilon^2}} \cdot \frac{\omega_c^{\ 2} b(1)}{s^2 - 2\omega_c a(1)s + \omega_c^{\ 2} b(1)} \cdot \frac{\omega_c^{\ 2} b(2)}{s^2 - 2\omega_c a(2)s + \omega_c^{\ 2} b(2)}$$

ただし，　$a(1) = \sinh \alpha \cdot \cos \frac{5}{8}\pi$

$$b(1) = \left(\sinh \alpha \cdot \cos \frac{5}{8}\pi \right)^2 + \left(\cosh \alpha \cdot \sin \frac{5}{8}\pi \right)^2$$

$$a(2) = \sinh \alpha \cdot \cos \frac{7}{8}\pi$$

$$b(2) = \left(\sinh \alpha \cdot \cos \frac{7}{8}\pi \right)^2 + \left(\cosh \alpha \cdot \sin \frac{7}{8}\pi \right)^2$$

【10.8】

$$s = \frac{2}{T} \cdot \frac{1 - z^{-1}}{1 + z^{-1}}$$

$s = j\omega_A, \ z = e^{j\omega_D T}$ を上式に代入して

$$j\omega_A = \frac{2}{T} \cdot \frac{1 - e^{-j\omega_D T}}{1 + e^{-j\omega_D T}} = \frac{2}{T} \cdot \frac{e^{j\omega_D T/2} - e^{-j\omega_D T/2}}{e^{j\omega_D T/2} + e^{-j\omega_D T/2}} \cdot \frac{e^{-j\omega_D T/2}}{e^{-j\omega_D T/2}}$$

$$= \frac{2}{T} \cdot \frac{j\sin(\omega_D T/2)}{\cos(\omega_D T/2)} = j\frac{2}{T}\tan\left(\frac{\omega_D T}{2}\right)$$

$$\therefore \ \omega_A = \frac{2}{T}\tan\left(\frac{\omega_D T}{2}\right)$$

索　引

MEMO

MEMO

MEMO

MEMO

MEMO

MEMO

MEMO

■ 著者紹介

大類　重範（おおるい　しげのり）

1966年　工学院大学電子工学科卒業
1975年　東京電機大学大学院修士課程修了（電気工学専攻）
　　　　工学院大学電気システム工学科准教授
現　在　工学院大学電気システム工学科非常勤講師
＜主な著書＞
　　　　離散時間の信号とシステム（啓学出版），（訳：共著）
　　　　アナログ電子回路（オーム社）
　　　　ディジタル電子回路（オーム社）

- 本書の内容に関する質問は，オーム社ホームページの「サポート」から，「お問合せ」の「書籍に関するお問合せ」をご参照いただくか，または書状にてオーム社編集局宛にお願いします．お受けできる質問は本書で紹介した内容に限らせていただきます．なお，電話での質問にはお答えできませんので，あらかじめご了承ください．
- 万一，落丁・乱丁の場合は，送料当社負担でお取替えいたします．当社販売課宛にお送りください．
- 本書の一部の複写複製を希望される場合は，本書扉裏を参照してください．
- **JCOPY** ＜出版者著作権管理機構 委託出版物＞
- 本書籍は，日本理工出版会から発行されていた『ディジタル信号処理』をオーム社から発行するものです．

ディジタル信号処理

2022 年 9 月 10 日　　第 1 版第 1 刷発行

著　　者　大類重範
発 行 者　村上和夫
発 行 所　株式会社 **オーム社**
　　　　　郵便番号　101-8460
　　　　　東京都千代田区神田錦町 3-1
　　　　　電話　03(3233)0641(代表)
　　　　　URL　https://www.ohmsha.co.jp/

© 大類重範 *2022*

印刷・製本　平河工業社
ISBN978-4-274-22932-9　Printed in Japan

本書の感想募集 https://www.ohmsha.co.jp/kansou/
本書をお読みになった感想を上記サイトまでお寄せください．
お寄せいただいた方には，抽選でプレゼントを差し上げます．

アナログ電子回路

大類重範　著　　　　　　　　　　**A5**判　並製　**308**頁　本体**2600**円【税別】

範囲が広く難しいとされているこの分野を，数式は理解を助ける程度にとどめ，多数の図解を示し，例題によって学習できるように配慮．電気・電子工学系の学生や企業の初級技術者に最適．
【主要目次】　1章　半導体の性質　2章　pn接合ダイオードとその特性　3章　トランジスタの基本回路　4章　トランジスタの電圧増幅作用　5章　トランジスタのバイアス回路　6章　トランジスタ増幅回路の等価回路　7章　電界効果トランジスタ　8章　負帰還増幅回路　9章　電力増幅回路　10章　同調増幅回路　11章　差動増幅回路とOPアンプ　12章　OPアンプの基本応用回路　13章　発振回路　14章　変調・復調回路

ディジタル電子回路

大類重範　著　　　　　　　　　　**A5**判　並製　**312**頁　本体**2700**円【税別】

ディジタル回路をはじめて学ぼうとしている工業高専，専門学校，大学の電気系・機械系の学生，あるいは企業の初級・現場技術者を対象に，範囲が広い当分野をできるだけわかりやすく図表を多く用いて解説しています．
【主要目次】　1章　ディジタル電子回路の基礎　2章　数体系と符号化　3章　基本論理回路と論理代数　4章　ディジタルICの種類と動作特性　5章　複合論理ゲート　6章　演算回路　7章　フリップフロップ　8章　カウンタ　9章　シフトレジスタ　10章　ICメモリ　11章　D/A変換・A/D変換回路

テキストブック　電気回路

本田徳正　著　　　　　　　　　　**A5**判　並製　**228**頁　本体**2200**円【税別】

初めて電気回路を学ぶ人に最適の書です．電気系以外のテキストとしても好評．直流回路編と交流回路編に分けてわかりやすく解説しています．

テキストブック　電子デバイス物性

宇佐・田中・伊比・高橋　共著　　　　**A5**判　並製　**280**頁　本体**2500**円【税別】

電子物性的な内容と，半導体デバイスを中心とする電子デバイス的な内容で構成．超伝導，レーザ，センサなどについても言及．

図解　制御盤の設計と製作

佐藤一郎　著　　　　　　　　　　**B5**判　並製　**240**頁　本体**3200**円【税別】

制御盤の製作をメインに，イラストや立体図を併用し，そのノウハウを解説しています．これから現場で学ぶ電気系技術者にとっておすすめのテキストです．
【主要目次】　1章　制御盤の役割とその構成　2章　制御盤の組立に関する決まり　3章　制御盤の加工法　4章　制御盤への器具の取付け　5章　制御盤内の配線方法　6章　制御盤内の配線の手順　7章　はんだ付け　8章　電子回路の組立と配線　9章　配線用ダクトとケーブルによる盤内配線　10章　接地の種類と接地工事　11章　シーケンス制御回路の組立の手順　12章　制御盤の組立に使用する工具